♫ Sing Sing ♪

노래와 함께 배우는

엄마표
또또 한글2

기본 받침 · 이중 모음 · 겹받침

KB097371

Sing Sing 노래와 함께 배우는
엄마표 또또 한글 2

초판 1쇄 발행일 2023년 3월 10일
초판 2쇄 발행일 2023년 3월 20일

지은이 권선홍
펴낸이 유성권

편집장 양선우
기획 정지현　　　　책임편집 윤경선　　편집 신혜진 임용옥
홍보 윤소담 박채원　　디자인 박정실
마케팅 김선우 강성 최성환 박혜민 심예찬
제작 장재균　　　　물류 김성훈 강동훈

펴낸곳 ㈜이퍼블릭
출판등록 1970년 7월 28일, 제1-170호
주소 서울시 양천구 목동서로 211 범문빌딩 (07995)
대표전화 02-2653-5131 | 팩스 02-2653-2455
메일 loginbook@epublic.co.kr
포스트 post.naver.com/epubliclogin
홈페이지 www.loginbook.com
인스타그램 @book_login

로그인 은 ㈜이퍼블릭의 어학 · 자녀교육 · 실용 브랜드입니다.

노래와 함께 배우는

엄마표
또또 한글2

권선홍 지음

2권

기본 받침
이중 모음
겹받침

로그인

서문 ⭐·····⭐····⭐····⭐····⭐····⭐····⭐····⭐····⭐····⭐

 이 책《엄마표 또또 한글》2권은 겹받침을 학습하는 책입니다.《엄마표 또또 한글》1권으로 모음과 자음의 소리를 익힌 아이들이 한 단계 뛰어넘어 복잡한 글자까지 읽을 수 있도록 구성한 교재이지요. 스티커 붙이기 활동부터 서로 다른 그림 찾기까지 흥미진진한 활동을 통해 아이들이 한글을 즐겁게 배울 수 있도록 하였습니다. 무엇보다 이 책은 학습 훈련이 덜 되어 있는 아이들도 집중하여 학습할 수 있도록 다양한 활동들을 많이 넣었습니다. 스티커 붙이기는 물론 선 긋기, 숨은 글자 찾기, 서로 다른 그림 찾기 등 말과 글로 할 수 있는 온갖 활동들이 담겨 있습니다. 신나게 활동하는 과정에서 우리 아이들은 한글의 결합 원리를 이해하고 어려운 단어까지 읽고 쓸 수 있는 탄탄한 실력을 갖추게 됩니다.

또또 한글송과 함께 한글을 익혀요

 한글을 잘 읽기 위해서는 한글 자음과 모음의 이름과 소리를 명확히 알고 있어야 합니다. 예를 들어 '강'이라는 글자를 읽기 위해서는 'ㄱ, ㅏ, ㅇ'의 소리를 모두 알아야 하지요. 소리의 빠른 습득을 돕기 위해 아이들이 노래를 통해 자음과 모음의 소리와 이름을 익힐 수 있도록 '또또 한글송'을 만들어 넣었습니다. 책에 표시된 큐알 코드를 찍으면 또또 한글송 영상을 볼 수 있습니다. 따라 부르며 익히면 더욱 효과적입니다.

한 글자로 된 한글을 통해 받침을 익히도록 했어요

 영어를 배우는 아이들은 처음에 'CAT'처럼 세 글자로 된 영어 단어를 접합니다. 짧은 단어를 학습하는 과정에서 영어 알파벳의 결합 원리를 쉽게 깨치는 것이지요. 세 개의 스펠링으로 된 'CAT'을 한글로 적으면 한 글자인 '캣'이 됩니다. 그런데 한글 받침 교재를 살펴보면 '강낭콩', '땅콩' 같은 단어가 처음에 등장합니다. 이 단어들을 영어처럼 펼치면 'ㄱㅏㅇㄴㅏㅇㅋㅗㅇ', 'ㄸㅏㅇㅋㅗㅇ'이 되지요. 받침을 읽을 줄 모르는 학습자가 '강낭콩', '땅콩', '강아지'처럼 긴 단어로 학습을 시작할 경우 단어의 규칙성과 원리를 발견하기가 쉽지 않습니다. 이 책에서는 아이들이 한글의 조합 원리를 명확하게 알 수 있도록 '밤', '발', '방' 같이 한 글자로 된 한글을 중심으로 학습하도록 하였습니다.

스티커 활동부터 틀린 글자 고쳐 쓰기까지 단계적으로 공부해요

운동을 하기 전 준비 운동을 하듯 공부도 쉽고 재미있는 활동으로 시작해야 꾸준히 그리고 끝까지 할 수 있습니다. 이 책은 아이들이 좋아하는 스티커 붙이기 활동을 시작으로 선 잇기, 숨은 글자 찾기 등의 시각적 활동으로 넘어갑니다. 그런 다음 빈칸 채우기, 틀린 글자 고치기 단계를 거치지요. 여기에 장별로 아홉 개의 기본 단어를 선정하여 여러 활동을 통해 반복 학습이 가능하도록 했습니다.

다른 글자 찾기로 학습을 마무리해요

각 챕터의 마지막에는 서로 다른 그림 글자 찾기 활동이 제시되어 있습니다. 그림 글자를 통해 배운 글자를 한 번 더 복습하는 과정입니다. 복습과 동시에 즐거운 놀이를 할 수 있어서 아이들이 학습에 대한 흥미를 유지할 수 있습니다.

부모님과 함께하면 더욱 효과적이에요

또또 한글은 부모님과 아이들이 함께 공부하는 교재입니다. 책을 펼쳤을 때 부모님께서 이 책의 구성을 직관적으로 파악할 수 있도록 구성했습니다. 첫 부분의 스티커를 붙일 때부터 부모님이 단어를 읽어 주시고 중간중간 아이의 활동을 격려해 주신다면 학습 효과가 배가될 것입니다.

이 책을 통해 우리 아이들이 받침 글자와 복잡한 모음을 학습하여 한글을 쉽게 읽고 쓸 수 있게 되기를 바랍니다.

권 선 홍

차 례

이 책을 활용하는 법

1

'드, 아, 을, 달'
스티커를 붙여 볼까?
'드 아, 을 달'

자음과 모음이 결합되는 소리를
반복적으로 말해 주세요.
'므, 아, 을, 말'

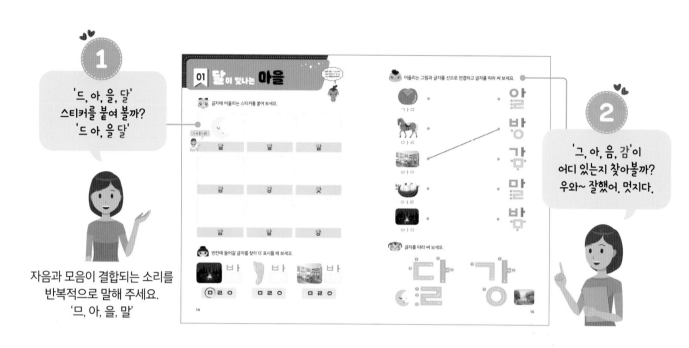

2

'그, 아, 음, 감'이
어디 있는지 찾아볼까?
우와~ 잘했어. 멋지다.

좌우 페이지를 비교하며
활동해 보세요.

3

'브, 아, 음, 밤'이 어디 있지?
우와~ 잘 찾았어.
정말 최고야!

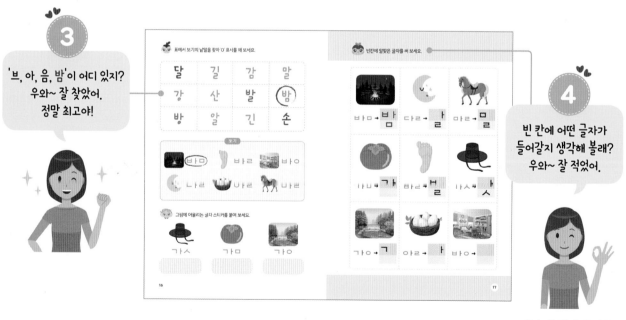

4

빈 칸에 어떤 글자가
들어갈지 생각해 볼래?
우와~ 잘 적었어.

획순에 맞게 글자를
적도록 확인해 주세요.

5

무엇이 맞는 글자일까?
잘 살펴볼래?
맞아. 잘 찾았어.

한글 풀어쓰기는
'브, 아, 음, 밤'처럼 글자 속에
숨어 있는 읽기 순서를
익히는 데 도움이 됩니다.

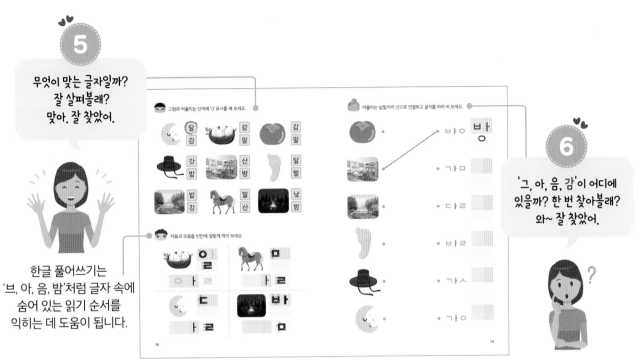

6

'그, 아, 음, 감'이 어디에
있을까? 한 번 찾아볼래?
와~ 잘 찾았어.

글자를 찾은 뒤 획순과 칸에 맞추어
차분하게 적도록 안내해 주세요.

7

이 중에 틀린 글자가 있는데
찾아서 고쳐 볼래?
맞아. 잘 고쳤어.

8

아래 위의 그림 글자에 조금씩
다른 점이 있는데 찾아볼래?
그래, 거기가 조금 다른 것 같네?
잘 찾았어.

다른 그림 찾기 활동을
아이가 어려워할 경우
부모님이 옆에서 안내해 주세요.

 또또의

한글 파닉스 노래 2

작·편곡 **김의영**

또또송2 그그그 기역 느느느 니은 드드드 디귿 르르르 리을 으므므
미음 브브브 비읍 스스스 시옷 으으으 이응 즈즈즈
지읏 츠츠츠 치읓 크크크 키읔 트트트 티읕 프프프
피읖 흐흐흐 히읗 아야어여 오요우유 으이
그느드르므브스 으즈츠크트프흐
기역 니은 디귿 리을 미음 비읍 시옷 이응 지읏 치읓 키읔 티읕 피읖 히읗

한글 문자를 잘 학습하려면 자음과 모음의 소리와 이름을 알아야 합니다. 'ㄱ'의 이름은 '기역'이고 대표소리는 '그'입니다. 'ㄱ, ㄴ, ㄷ, ㄹ…' 14개 자음의 소리와 이름, 'ㅏ, ㅑ, ㅓ, ㅕ…' 10개 모음의 소리를 익히는 데는 노래가 효과적입니다. 한글 학습의 기초가 되는 자음·모음의 소리와 이름을 노래로 즐겁게 익혀 보세요.

활용 Tip!

* 한글 교재를 시작하기 일주일 전부터
노래를 들으며 한글 소리에 익숙해지기

* 아이가 놀 때 한글 노래 틀어 주기

* 한글 공부를 하기 전 한글 노래를 잠시 틀어 놓기

또또송♪
10회 듣기

또또송♪
3회 듣기

* 챕터별로 활동을 하기 전 한글 노래 부르기

* 반주에 맞춰 노래하기

또또송♪
1회 듣기

또또송♪
반주 듣기

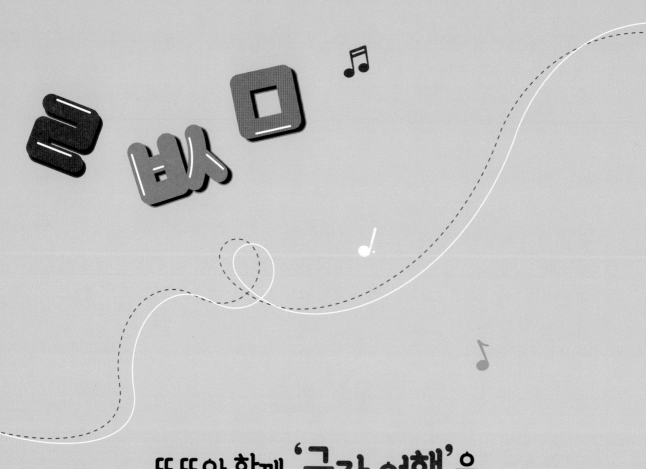

또또와 함께 '글자 여행'을
떠나 보아요!

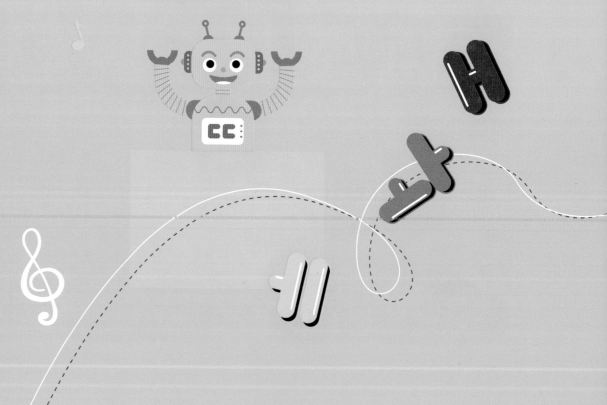

Sing Sing

기본 받침

연필 체조

연필 체조를 충분히 한 뒤에 글씨를 써 보세요.

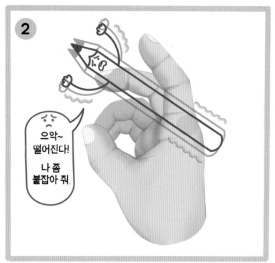

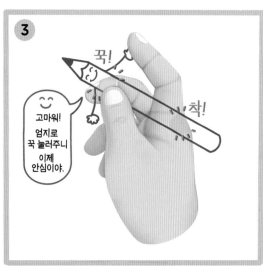

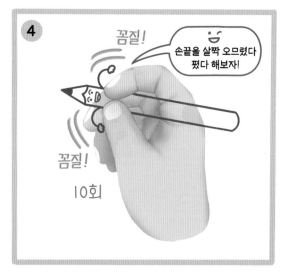

- 손에 힘을 빼고 연필을 가볍게 잡으세요.
- 글씨를 쓰기 전에 '꼼질꼼질' 연필 체조를 하며 연필을 바르게 잡아 보세요.

스티커 모음판

학습을 마칠 때마다 캐릭터 스티커를 모아 보세요.

01 달이 빛나는 마을

안녕? 나는 지새달이야. 나와 함께 달이 빛나는 마을 여행을 떠나보자.

 글자에 어울리는 스티커를 붙여 보세요.

드아을~달!

달	말	알
감	강	갓
밤	발	방

 빈칸에 들어길 글자를 찾아 'O' 표시를 해 보세요.

바   바   바

ㅁ ㄹ ⓞ   ㅁ ㄹ ㅇ   ㅁ ㄹ ㅇ

어울리는 그림과 글자를 선으로 연결하고 글자를 따라 써 보세요.

ㄱㅏㅁ

ㅁㅏㄹ

ㅂㅏㅇ

ㅇㅏㄹ

ㅂㅏㅁ

 글자를 따라 써 보세요.

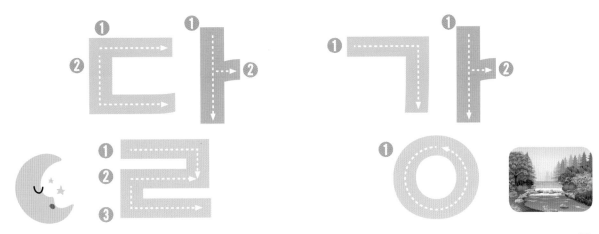

표에서 보기의 낱말을 찾아 'O' 표시를 해 보세요.

달	길	감	말
강	산	발	(밤)
방	알	긴	손

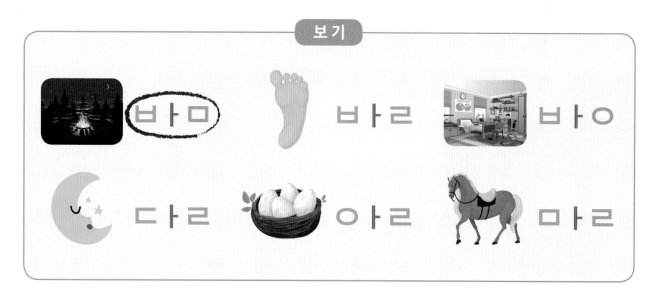

 그림에 어울리는 글자 스티커를 붙여 보세요.

ㄱㅏㅅ   ㄱㅏㅁ   ㄱㅏㅇ

바ㅁ → 밤

다ㄹ → 달

마ㄹ → 말

가ㅁ → 감

바ㄹ → 발

가ㅅ → 갓

가ㅇ → 강

아ㄹ → 알

바ㅇ →

그림과 어울리는 단어에 'O' 표시를 해 보세요.

 자음과 모음을 빈칸에 알맞게 적어 보세요.

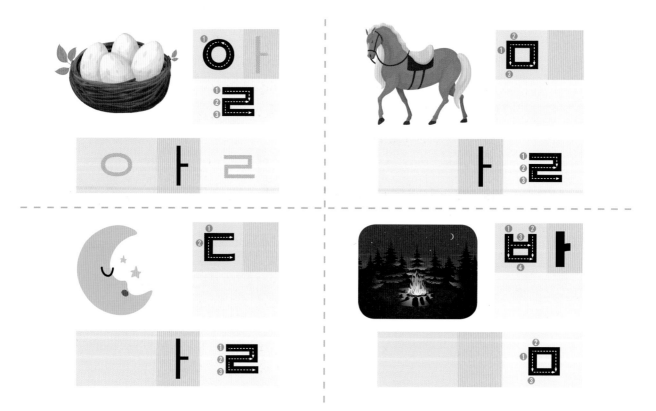

어울리는 낱말끼리 선으로 연결하고 글자를 따라 써 보세요.

ㅂㅏㅇ **방**

ㄱㅏㅁ

ㄷㅏㄹ

ㅂㅏㄹ

ㄱㅏㅅ

ㄱㅏㅇ

 밤

 발

 달

 말

 감

 밤

 갓

 알

 강

당

안녕? 나는 눈송이야. 나와 함께 펑펑 눈이 내리는 마을 여행을 떠나보자.

 글자에 어울리는 스티커를 붙여 보세요.

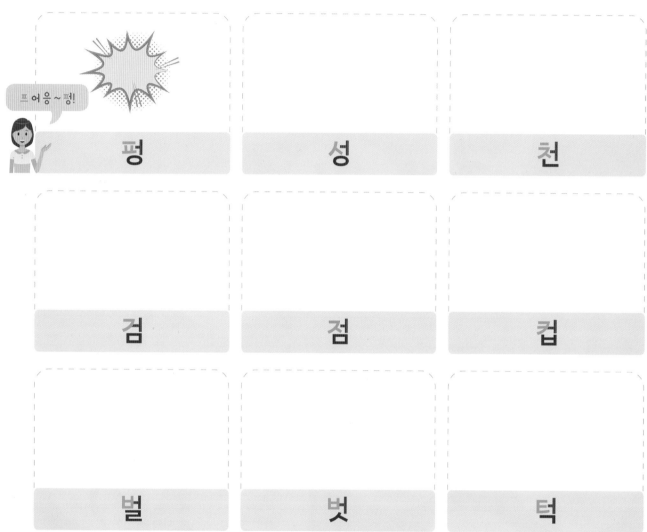

프어응~펑!

펑	성	천
검	점	컵
벌	벗	턱

 빈칸에 들어길 글자를 찾아 'O' 표시를 해 보세요.

처

터

커

ㄱ ㄴ ㅂ

ㄱ ㄴ ㅂ

ㄱ ㄴ ㅂ

24

어울리는 그림과 글자를 선으로 연결하고 글자를 따라 써 보세요.

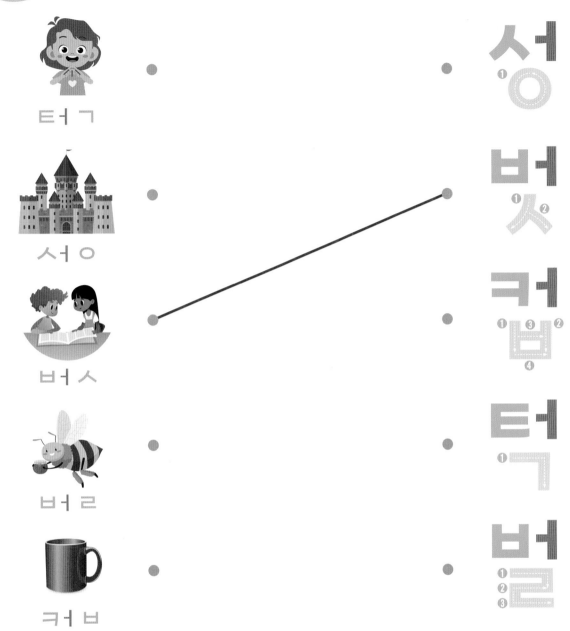

ㅓ ㄱ

ㅅ ㅓ ㅇ

ㅂ ㅓ ㅅ

ㅂ ㅓ ㄹ

ㅋ ㅓ ㅂ

성

벗

컵

턱

벌

 글자를 따라 써 보세요.

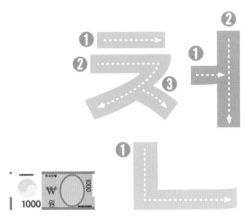

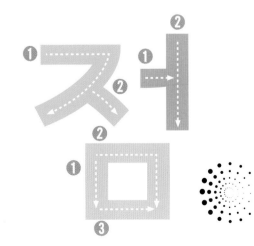

표에서 보기의 낱말을 찾아 'O' 표시를 해 보세요.

벌	선	턱	헌
언	펑	건	점
감	텃	검	천

보기

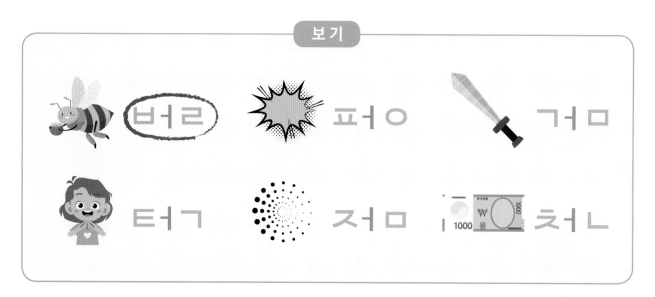

 그림에 어울리는 글자 스티커를 붙여 보세요.

ㅂㅓㅅ   ㅅㅓㅇ   ㅋㅓㅂ

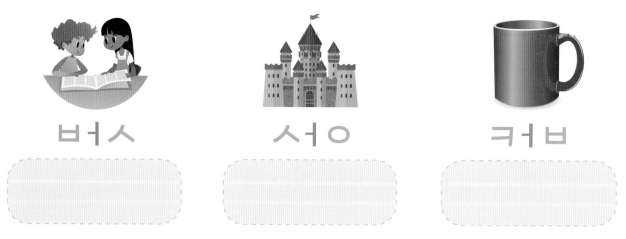

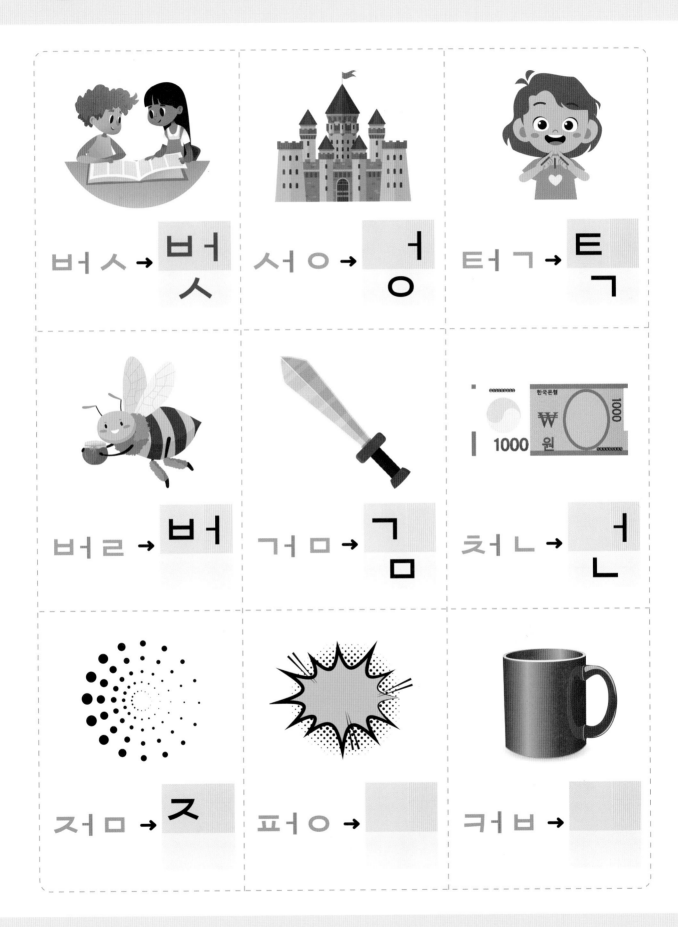

ㅂㅓㅅ → 벗
ㅅㅓㅇ → 성
ㅌㅓㄱ → 턱

ㅂㅓㄹ → 벌
ㄱㅓㅁ → 검
ㅊㅓㄴ → 천

ㅈㅓㅁ → 점
ㅍㅓㅇ → 펑
ㅋㅓㅂ → 컵

그림과 어울리는 단어에 'O' 표시를 해 보세요.

 자음과 모음을 빈칸에 알맞게 적어 보세요.

터ㄱ

퍼ㅓㅇ

ㄱㅓㅁ

버ㅓㄹ

ㅋㅓㅂ

ㅅㅓㅇ

번

벌

천

겁

펑

섬

벗

턱

컬

정

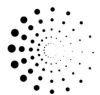

9개

서로 다른 부분을 모두 찾았으면 15쪽에 ◦눈송이◦ 스티커를 붙여 보세요.

글자에 어울리는 스티커를 붙여 보세요.

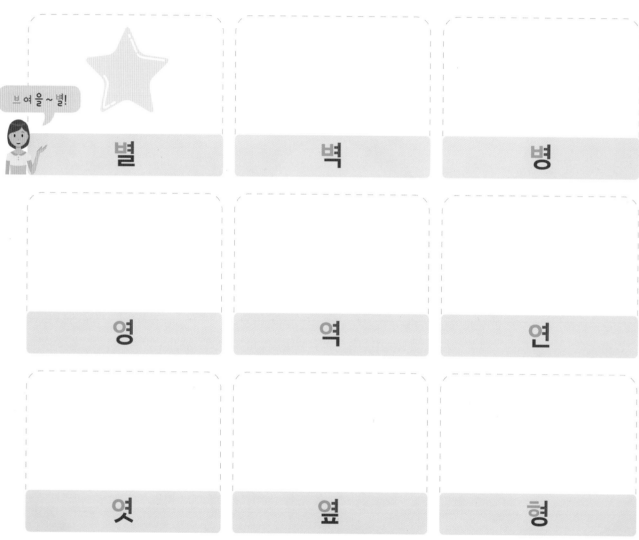

브여을~별!

별	벽	병
영	역	연
엿	옆	형

 빈칸에 들어갈 글자를 찾아 'O' 표시를 해 보세요.

어울리는 그림과 글자를 선으로 연결하고 글자를 따라 써 보세요.

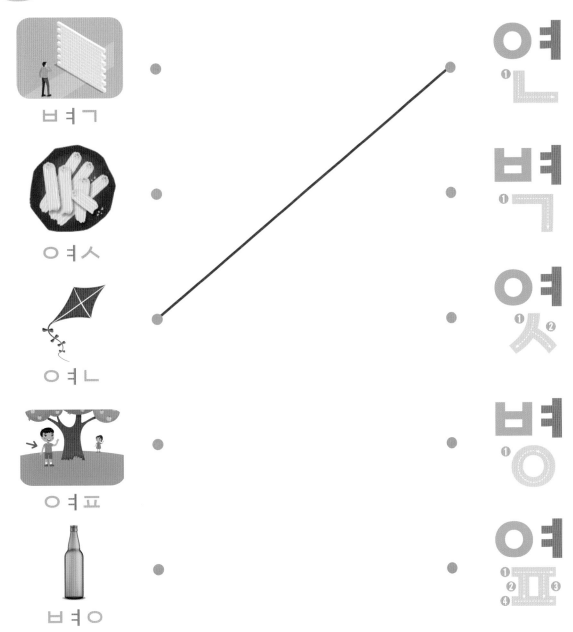

ㅂㅕㄱ

ㅇㅕㅅ

ㅇㅕㄴ

ㅇㅕㅍ

ㅂㅕㅇ

연

벽

엿

병

엽

 글자를 따라 써 보세요.

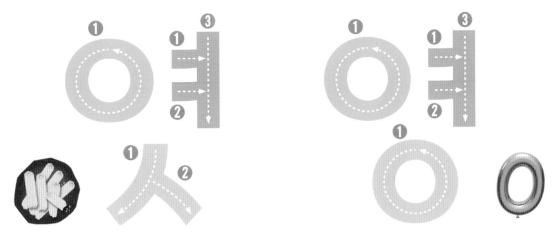

여 영

엿

표에서 보기의 낱말을 찾아 'O' 표시를 해 보세요.

열	옆	벗	병
벽	면	엿	면
셧	연	멸	역

ㅂㅕㄱ   ㅇㅕㅅ   ㅇㅕㄴ

ㅇㅕㅍ   ㅂㅕㅇ   ㅇㅕㄱ

 그림에 어울리는 글자 스티커를 붙여 보세요.

ㅎㅕㅇ   ㅇㅕㅇ   ㅂㅕㄹ

여ㅅ → 엿ㅅ

벼ㄹ → 별ㄹ

여ㄴ → 연ㄴ

벼ㄱ → 벽ㄱ

벼ㅇ → 병ㅇ

여ㅍ → 여

여ㄱ → 역ㅇ

혀ㅇ →

여ㅇ →

그림과 어울리는 단어에 'O' 표시를 해 보세요.

 자음과 모음을 빈칸에 알맞게 적어 보세요.

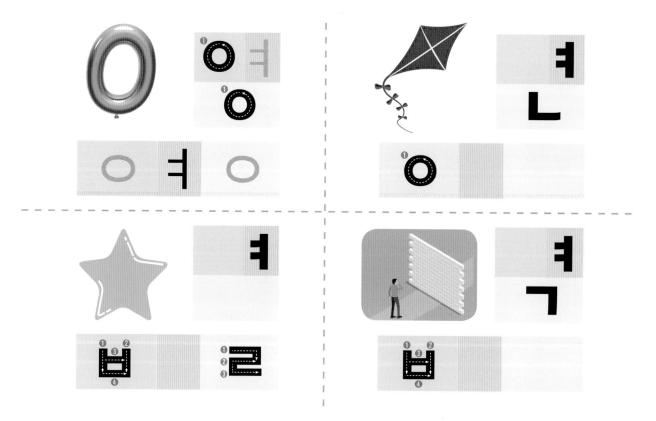

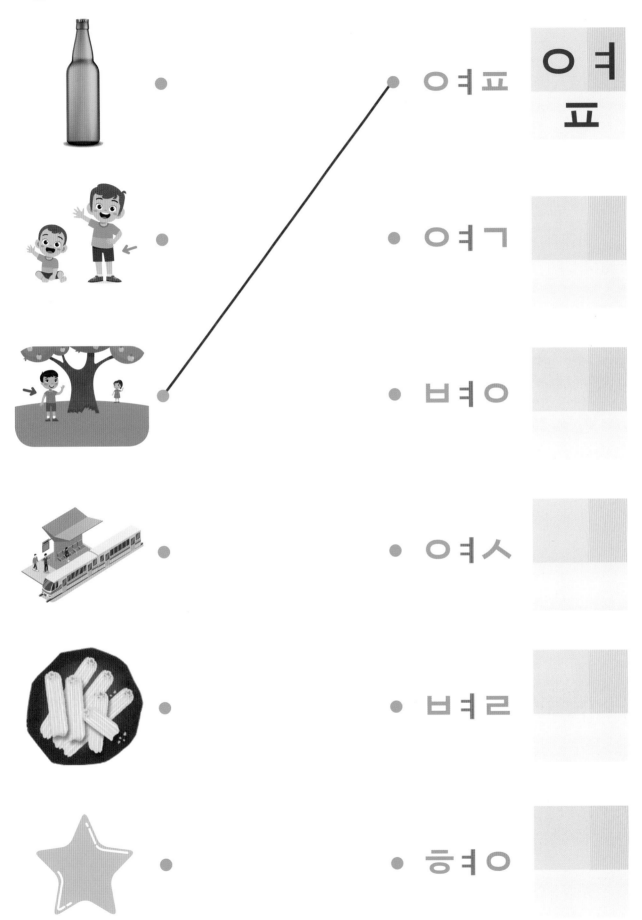

여표

여ㄱ

벼ㅇ

여ㅅ

벼ㄹ

ㅎ여ㅇ

벽

병

연

벽

엿

역

별

영

옆

형

그림 글자의 서로 다른 부분을 찾고, 'O' 표시를 해 보세요.

서로 다른 부분을 모두 찾았으면 15쪽에 *샛별이* 스티커를 붙여 보세요.

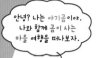

04 곰이 사는 마을

 글자에 어울리는 스티커를 붙여 보세요.

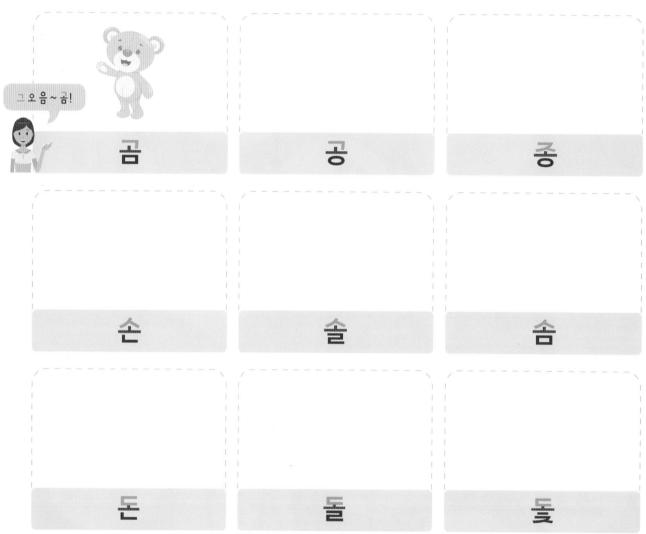

곰

공

종

손

솔

솜

돈

돌

돗

 빈칸에 들어길 글자를 찾아 'O' 표시를 해 보세요.

ㄴ ㄹ (ㅊ)

ㄴ ㄹ ㅊ

ㄴ ㄹ ㅊ

어울리는 그림과 글자를 선으로 연결하고 글자를 따라 써 보세요.

ㄷㅗㄹ

ㅅㅗㄹ

ㄷㅗㅊ

ㅅㅗㄴ

ㅈㅗㅇ

 글자를 따라 써 보세요.

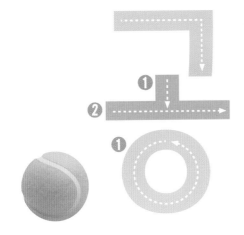

표에서 보기의 낱말을 찾아 'O' 표시를 해 보세요.

솜	곳	혼	곰
솔	공	몸	손
놋	촌	종	폴

보기

ㄱㅗㅇ   ㄱㅗㅁ   ㅅㅗㄴ

ㅈㅗㅇ   ㅅㅗㅁ   ㅅㅗㄹ

 그림에 어울리는 글자 스티커를 붙여 보세요.

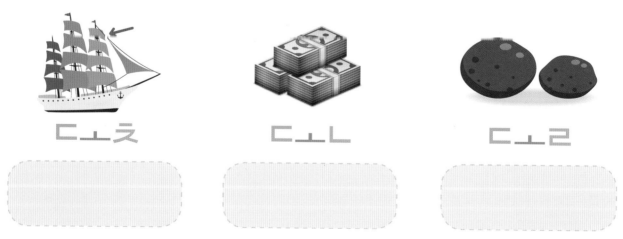

ㄷㅗㅊ   ㄷㅗㄴ   ㄷㅗㄹ

ㄱㅗㅁ → 곰

ㅈㅗㅇ → 종

ㅅㅗㄹ → 솔

ㄱㅗㅇ → 공

ㅅㅗㄴ → 손

ㅅㅗㅁ → 솜

ㄷㅗㅊ → 돛

ㄷㅗㄹ →

ㄷㅗㄴ →

그림과 어울리는 단어에 'O' 표시를 해 보세요.

그림	단어
공	공 / 점
종	덜 / 종
곰	곰 / 전
손	손 / 점
솜	솜 / 컵
돈	턱 / 돈
돌	컵 / 돌
돛	덜 / 돛
솔	솔 / 검

 자음과 모음을 빈칸에 알맞게 적어 보세요.

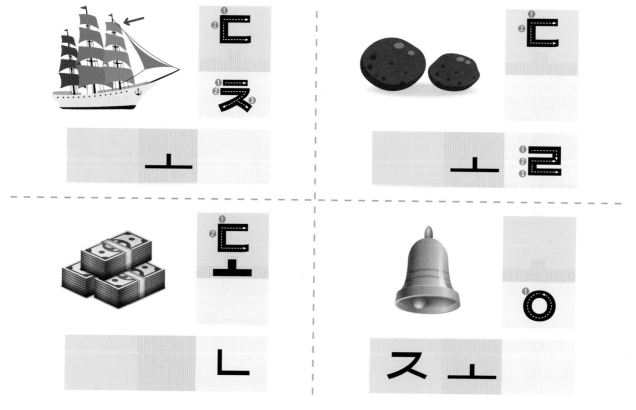

어울리는 낱말끼리 선으로 연결하고 글자를 따라 써 보세요.

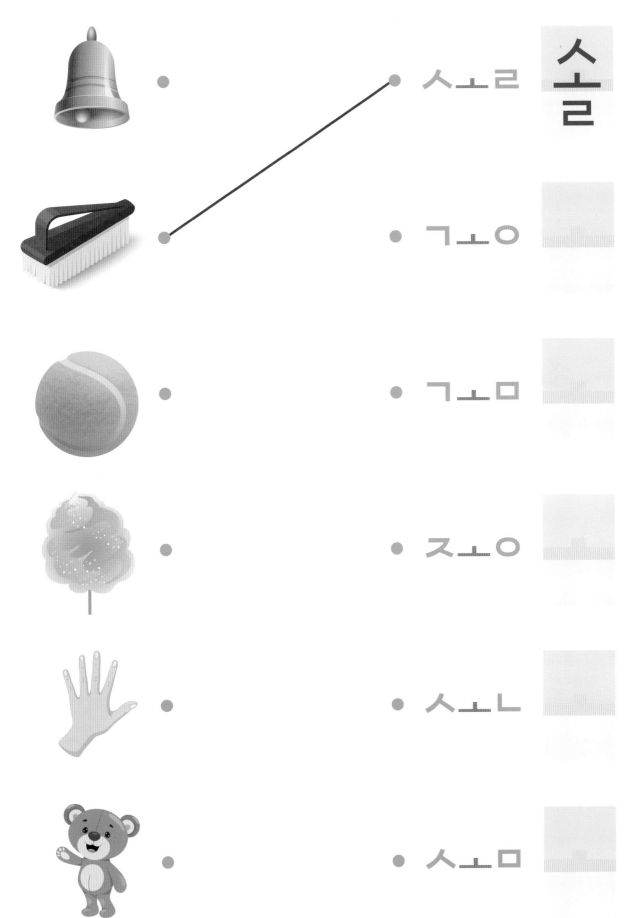

ㅅㅗㄹ   솔ㄹ

ㄱㅗㅇ

ㄱㅗㅁ

ㅈㅗㅇ

ㅅㅗㄴ

ㅅㅗㅁ

9개

서로 다른 부분을 모두 찾았으면 15쪽에 ✽아기곰✽ 스티커를 붙여 보세요.

물이 흐르는 마을

안녕? 나는 여울이야.
나와 함께 물이 흐르는
마을 여행을 떠나보자.

글자에 어울리는 스티커를 붙여 보세요.

므우을~물!

물	문	묵
북	불	붓
숯	숲	숱

빈칸에 들어갈 글자를 찾아 'O' 표시를 해 보세요.

부   ㄱ ㄹ ㅅ

부   ㄱ ㄹ ㅅ

부   ㄱ ㄹ ㅅ

어울리는 그림과 글자를 선으로 연결하고 글자를 따라 써 보세요.

ㅁㅜㄱ

ㅂㅜㄹ

ㅅㅜㅍ

ㅅㅜㅊ

ㅂㅜㅅ

숯

묵

붓

불

숲

 글자를 따라 써 보세요.

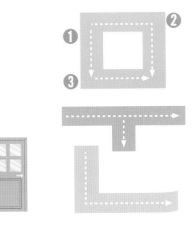

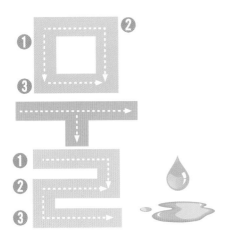

표에서 보기의 낱말을 찾아 'O' 표시를 해 보세요.

숲	불	숨	숱
물	붐	붓	뭍
숯	문	복	묵

ㅂㅜㄹ   ㅁㅜㄹ   ㅁㅜㄴ

ㅁㅜㄱ   ㅂㅜㅅ   ㅅㅜㅌ

 그림에 어울리는 글자 스티커를 붙여 보세요.

ㅅㅜㅌ   ㅅㅜㅊ   ㅅㅜㅍ

ㅁㅜㄴ → 문

ㅁㅜㄹ → 물

ㅁㅜㄱ → 묵

ㅂㅜㄹ → 불

ㅂㅜㄱ → 북

ㅂㅜㅅ → 붓

ㅅㅜㅊ → 숯

ㅅㅜㅌ → 숱

ㅅㅜㅍ → 숲

그림과 어울리는 단어에 'O' 표시를 해 보세요.

 자음과 모음을 빈칸에 알맞게 적어 보세요.

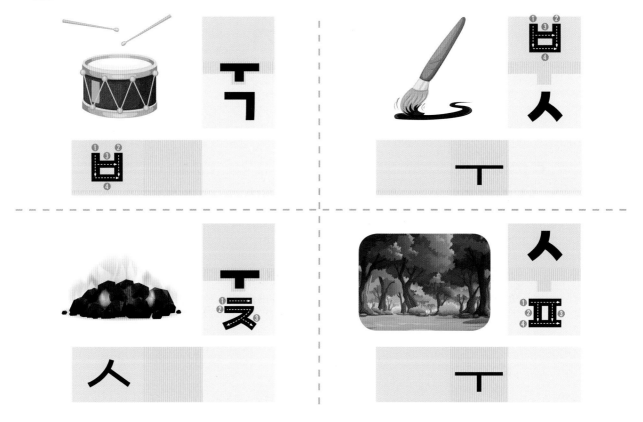

어울리는 낱말끼리 선으로 연결하고 글자를 따라 써 보세요.

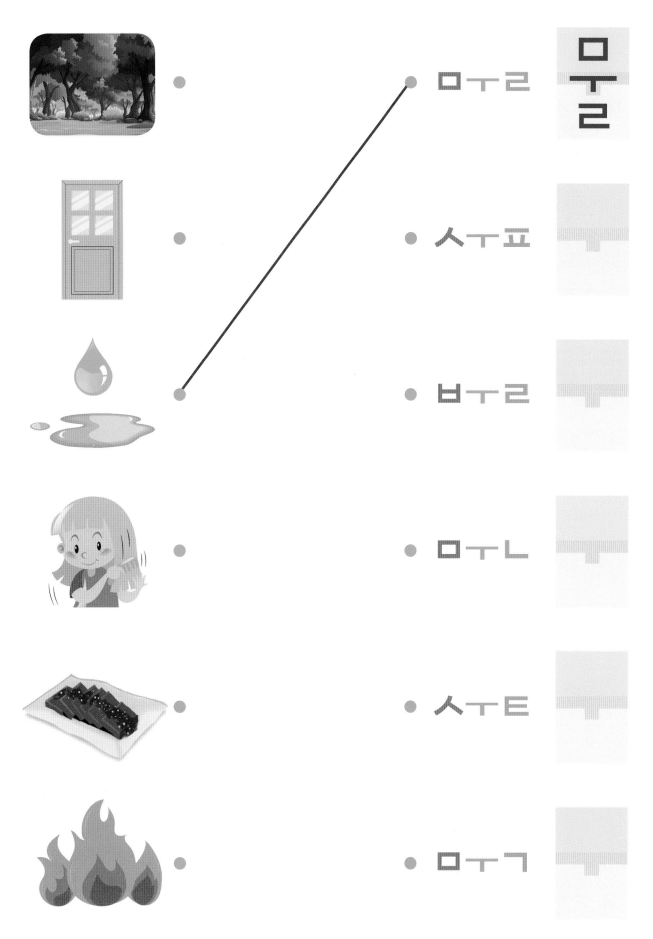

그림 글자의 서로 다른 부분을 찾고, 'O' 표시를 해 보세요.

서로 다른 부분을 모두 찾았으면 15쪽에 여울이 스티커를 붙여 보세요.

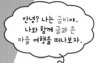

06 금과 은 마을

안녕? 나는 금비야. 나와 함께 금과 은 마을 여행을 떠나보자.

 글자에 어울리는 스티커를 붙여 보세요.

그으음~금!

금	은	큰
글	들	등
흥	즙	끝

 빈칸에 들어갈 글자를 찾아 'O' 표시를 해 보세요.

ㄲ ㅋ ㄷ

ㄴ ㄹ ㅌ   ㄴ ㄹ ㅌ   ㄴ ㄹ ㅌ

어울리는 그림과 글자를 선으로 연결하고 글자를 따라 써 보세요.

ㄷ — ㅇ

ㅋ — ㄴ

ㅊ — ㅇ

ㄱ — ㄹ

ㄷ — ㄹ

ㄱㄹ

ㅋㄴ

ㄷㅇ

ㄷㄹ

ㅊㅇ

 글자를 따라 써 보세요.

ㄱ

ㅁ

ㅇ

ㄴ

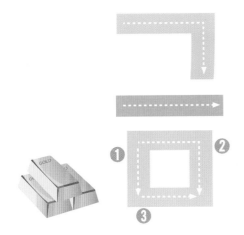

표에서 보기의 낱말을 찾아 'O' 표시를 해 보세요.

글	들	쓴	은
집	을	끝	등
큰	끈	금	층

보기

ㄱ—ㅁ   ㅇ—ㄴ   ㅋ—ㄴ

ㄱ—ㄹ   ㅈ—ㅂ   ㄲ—ㅌ

 그림에 어울리는 글자 스티커를 붙여 보세요.

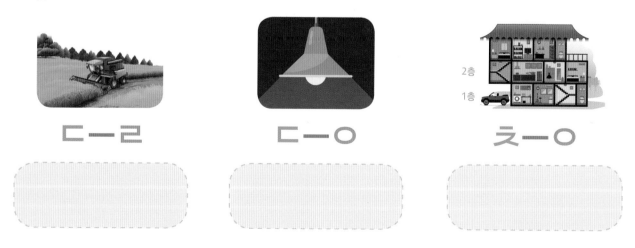

ㄷ—ㄹ   ㄷ—ㅇ   ㅊ—ㅇ

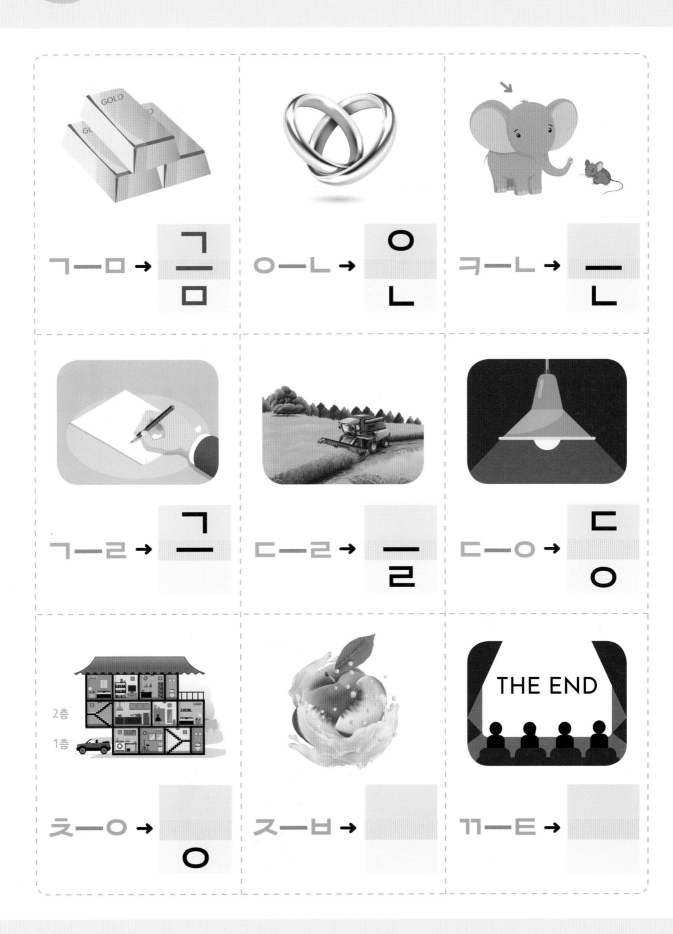

ㄱ—ㅁ → 금

ㅇ—ㄴ → 온

ㅋ—ㄴ → 큰

ㄱ—ㄹ → 글

ㄷ—ㄹ → 들

ㄷ—ㅇ → 등

ㅊ—ㅇ → 층

ㅈ—ㅂ →

ㄲ—ㅌ →

그림과 어울리는 단어에 'O' 표시를 해 보세요.

등
층

즙
금

금
은

들
돌

동
등

굴
글

근
큰

은
금

끝
즙

 자음과 모음을 빈칸에 알맞게 적어 보세요.

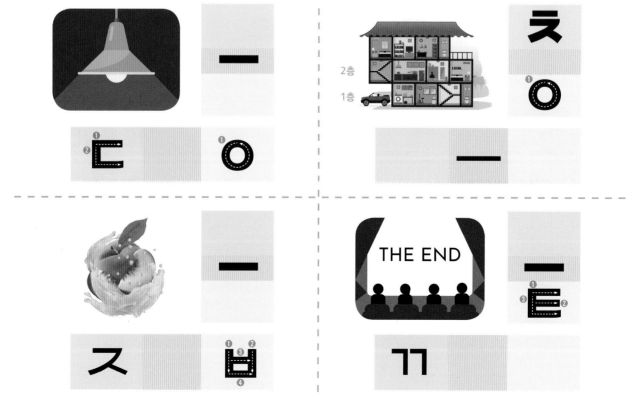

ㄷ   ㅇ

ㅈ   ㅂ

ㄲ

어울리는 낱말끼리 선으로 연결하고 글자를 따라 써 보세요.

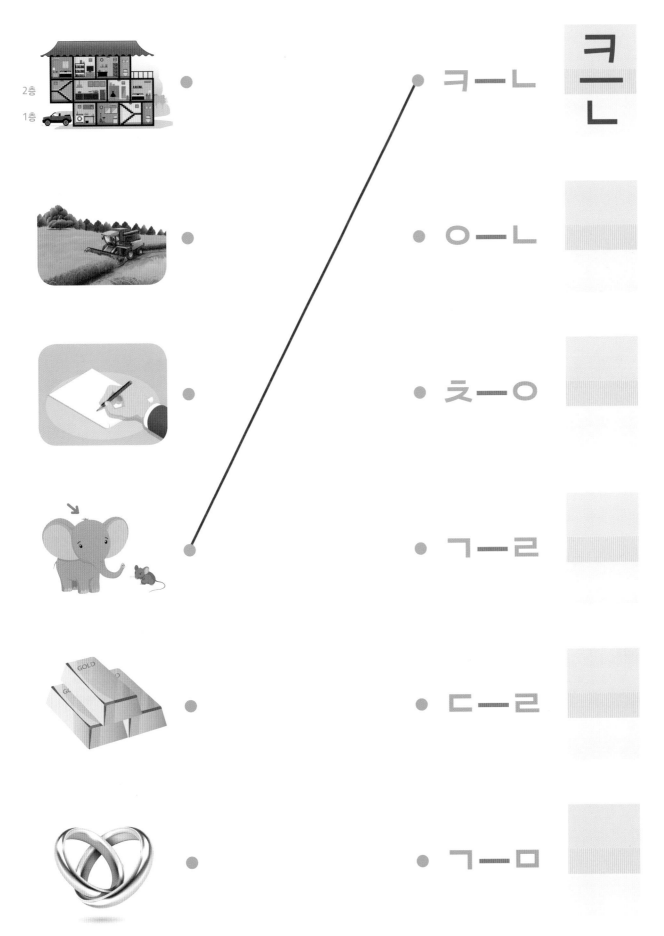

ㅋ—ㄴ

큰

ㅇ—ㄴ

ㅊ—ㅇ

ㄱ—ㄹ

ㄷ—ㄹ

ㄱ—ㅁ

굼

ㄱ
ㄹ

은

증

글

큰

층

등

들

끝

그림 글자의 서로 다른 부분을 찾고, 'O' 표시를 해 보세요.

집이 예쁜 마을

안녕? 나는 두꺼비야. 나와 함께 집이 예쁜 마을 여행을 떠나보자.

 글자에 어울리는 스티커를 붙여 보세요.

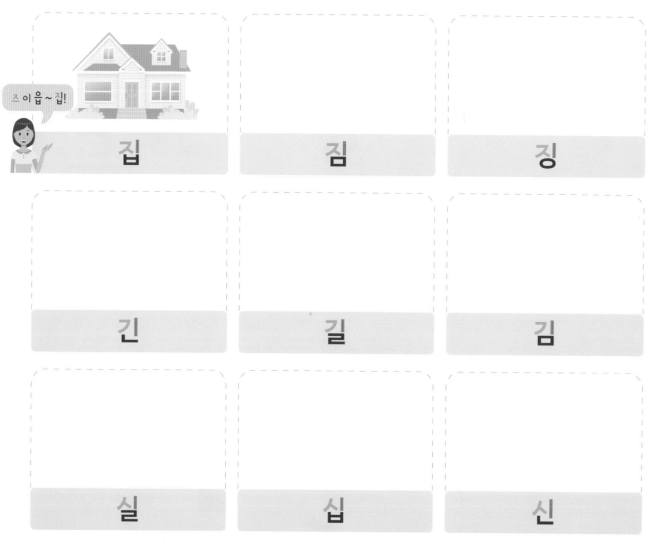

즈이읍~집!

집	짐	징
긴	길	김
실	십	신

 빈칸에 들어갈 글자를 찾아 'O' 표시를 헤 보세요.

ㄹ ㄴ ㅁ　　ㄹ ㄴ ㅁ　　ㄹ ㄴ ㅁ

어울리는 그림과 글자를 선으로 연결하고 글자를 따라 써 보세요.

ㅅ ㅣ ㄹ

ㅈ ㅣ ㅇ

ㅅ ㅣ ㄴ

ㄱ ㅣ ㄹ

ㅅ ㅣ ㅂ

 글자를 따라 써 보세요.

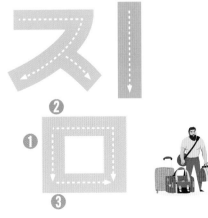

65

표에서 보기의 낱말을 찾아 'O' 표시를 해 보세요.

신	길	짐	깁
집	짐	실	긴
김	십	심	징

보기

ㄱ ㅣ ㄴ

ㄱ ㅣ ㅁ

ㅈ ㅣ ㅁ

ㄱ ㅣ ㄹ

ㅈ ㅣ ㅇ

ㅈ ㅣ ㅂ

 그림에 어울리는 글자 스티커를 붙여 보세요.

ㅅ ㅣ ㄹ

ㅅ ㅣ ㄴ

ㅅ ㅣ ㅂ

ㄱ ㅣ ㅁ → 김

ㅅ ㅣ ㅂ → 시

ㅈ ㅣ ㅇ → 징

ㅈ ㅣ ㅂ → 지

ㄱ ㅣ ㄴ → 신

ㅅ ㅣ ㄴ → 신

ㅅ ㅣ ㄹ → 실

ㄱ ㅣ ㄹ →

ㅈ ㅣ ㅁ →

그림과 어울리는 단어에 'O' 표시를 해 보세요.

실
긴

집
길

십
짐

징
짐

신
실

긴
김

김
십

집
신

징
긴

 자음과 모음을 빈칸에 알맞게 적어 보세요.

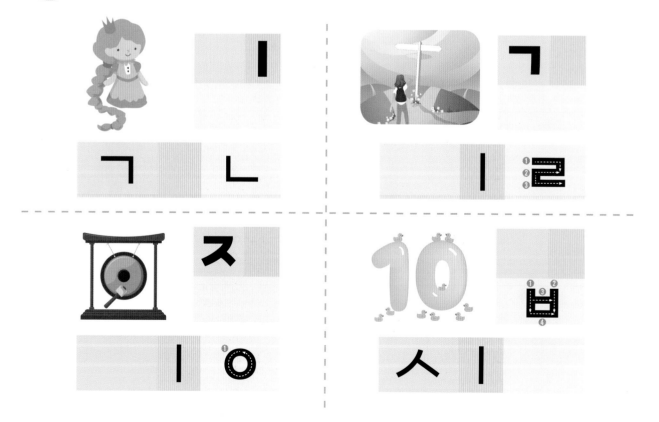

어울리는 낱말끼리 선으로 연결하고 글자를 따라 써 보세요.

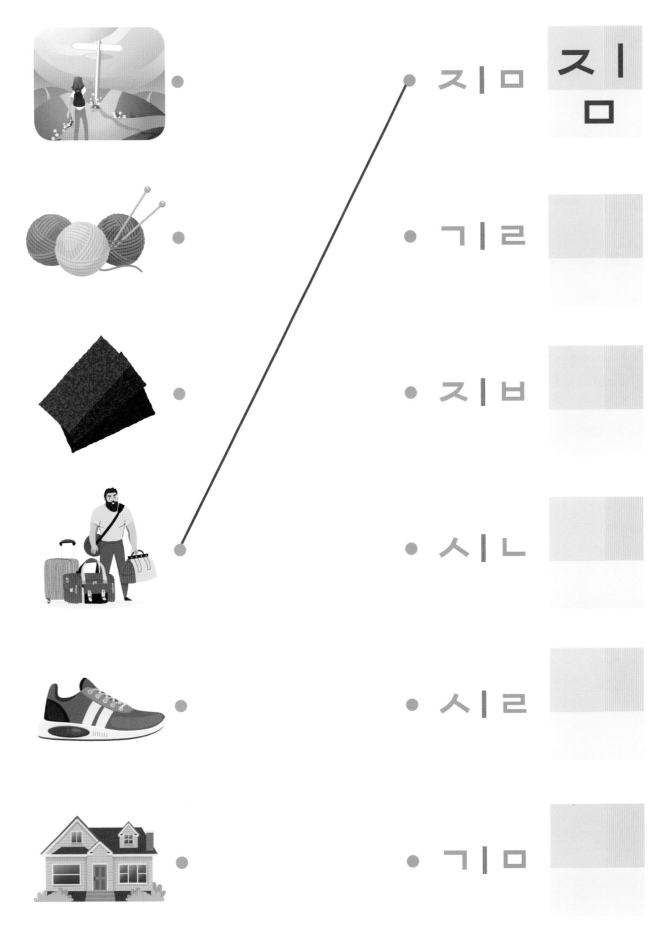

ㅈㅣㅁ 짐
ㅁ

ㄱㅣㄹ

ㅈㅣㅂ

ㅅㅣㄴ

ㅅㅣㄹ

ㄱㅣㅁ

 겁

 실

 짐

긴

 김

 긴

 짐

 신

 집

 심

그림 글자의 서로 다른 부분을 찾고, 'O' 표시를 해 보세요.

 서로 다른 부분을 모두 찾았으면 15쪽에 ●두꺼비● 스티커를 붙여 보세요.

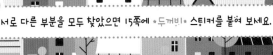

 글자에 어울리는 스티커를 붙여 보세요.

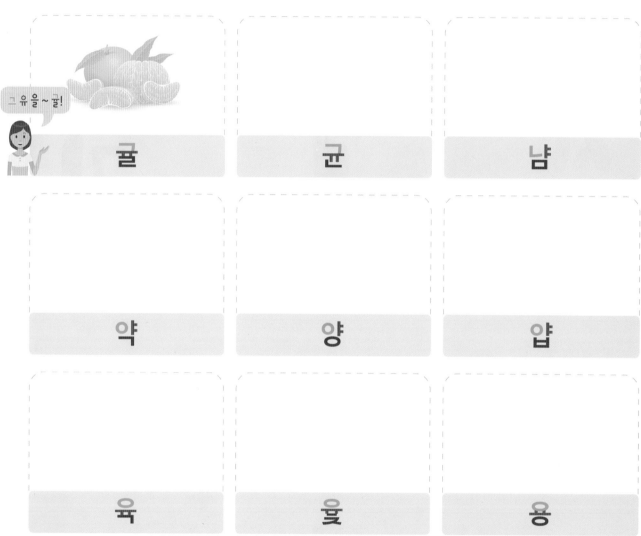

그 유을 ~ 귤!

귤	균	냠
약	양	얍
육	율	용

 빈칸에 들어갈 글자를 찾아 'O' 표시를 해 보세요.

유

유

요

ㄱ ㅇ ㅊ   ㄱ ㅇ ㅊ   ㄱ ㅇ ㅊ

어울리는 그림과 글자를 선으로 연결하고 글자를 따라 써 보세요.

ㅇㅑㄱ

ㅇㅑㅇ

ㅇㅠㄱ

ㅇㅑㅂ

ㅇㅠㅊ

 글자를 따라 써 보세요.

표에서 보기의 낱말을 찾아 'O' 표시를 해 보세요.

약	윷	용	균
냠	귤	쏭	냥
샹	양	육	윰

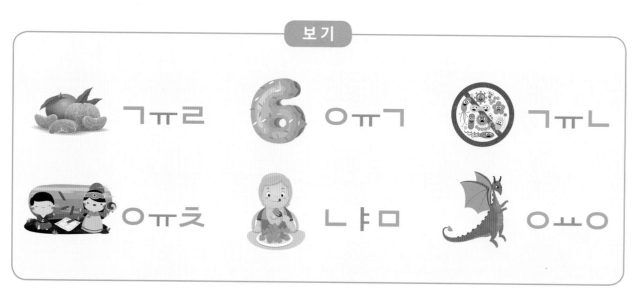

보기

ㄱㅠㄹ   6 ㅇㅠㄱ   ㄱㅠㄴ

ㅇㅠㅊ   ㄴㅑㅁ   ㅇㅛㅇ

 그림에 어울리는 글자 스티커를 붙여 보세요.

야ㄱ   야ㅇ   야ㅂ

74

ㅇㅛㅇ → 용

ㅇㅠㄱ → 육

ㅇㅠㅊ → 윷

ㅑㄱ → 약

ㅑㅇ → 양

ㅑㅂ → 얍

ㄴㅑㅁ → 냠

ㄱㅠㄴ →

ㄱㅠㄹ →

그림과 어울리는 단어에 'O' 표시를 해 보세요.

 자음과 모음을 빈칸에 알맞게 적어 보세요.

어울리는 낱말끼리 선으로 연결하고 글자를 따라 써 보세요.

ㄴㅑㅁ 냠

ㅇㅗㅇ

ㄱㅠㄴ

ㅇㅑㅂ

ㄱㅠㄹ

ㅇㅑㄱ

맞춤법이 틀린 글자를 찾아 바르게 고쳐 보세요.

약   용   냑

양

약   율   육

얌   귤   귱

그림 글자의 서로 다른 부분을 찾고, 'O' 표시를 해 보세요.

서로 다른 부분을 모두 찾았으면 15쪽에 ◆감귤이◆ 스티커를 붙여 보세요.

얘기가 꽃을 피우는 마을

안녕? 나는 얘기야.
나와 함께 얘기가 꽃을 피우는
마을 여행을 떠나보자.

 글자에 어울리는 스티커를 붙여 보세요.

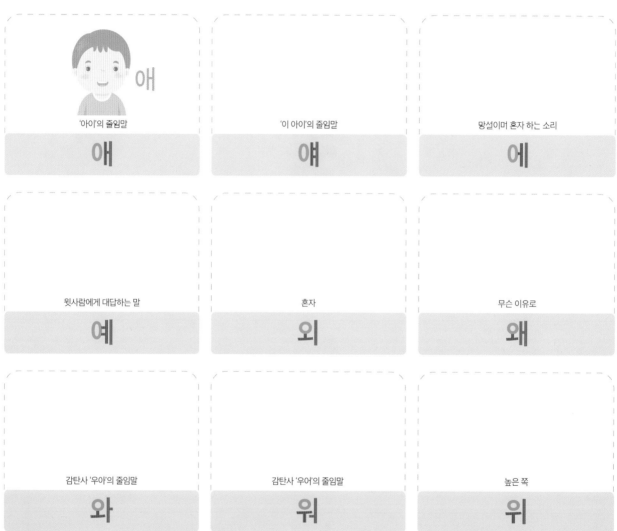

'아이'의 줄임말
애

'이 아이'의 줄임말
얘

망설이며 혼자 하는 소리
에

윗사람에게 대답하는 말
예

혼자
외

무슨 이유로
왜

감탄사 '우아'의 줄임말
와

감탄사 '우어'의 줄임말
워

높은 쪽
위

 빈칸에 들어갈 글지를 찾이 'O' 표시를 헤 보세요.

ㅐ ㅙ ㅘ

ㅐ ㅙ ㅘ

ㅐ ㅙ ㅘ

어울리는 그림과 글자를 선으로 연결하고 글자를 따라 써 보세요.

 글자를 따라 써 보세요.

표에서 보기의 낱말을 찾아 'O' 표시를 해 보세요.

애	외	예	아
워	에	웨	위
왜	이	얘	오

보기

 그림에 어울리는 글자 스티커를 붙여 보세요.

아 → 애

야 → ㅇ

어 → ㅇ

여 → ㅇ

ㅇ → ㅇ

ㅇ → ㅇ

ㅇ → ㅇ

ㅇ → ㅇ

ㅇ → ㅇ

그림과 어울리는 단어에 'O' 표시를 해 보세요.

위	위	외
왜	와	워

얘	와	위
워	애	예

에	애	웨
외	외	워

 단어의 자음과 모음을 풀어서 아래의 칸에 적어 보세요.

외   왜

ㅇ ㅗ ㅣ

워   위

어울리는 낱말끼리 선으로 연결하고 글자를 따라 써 보세요.

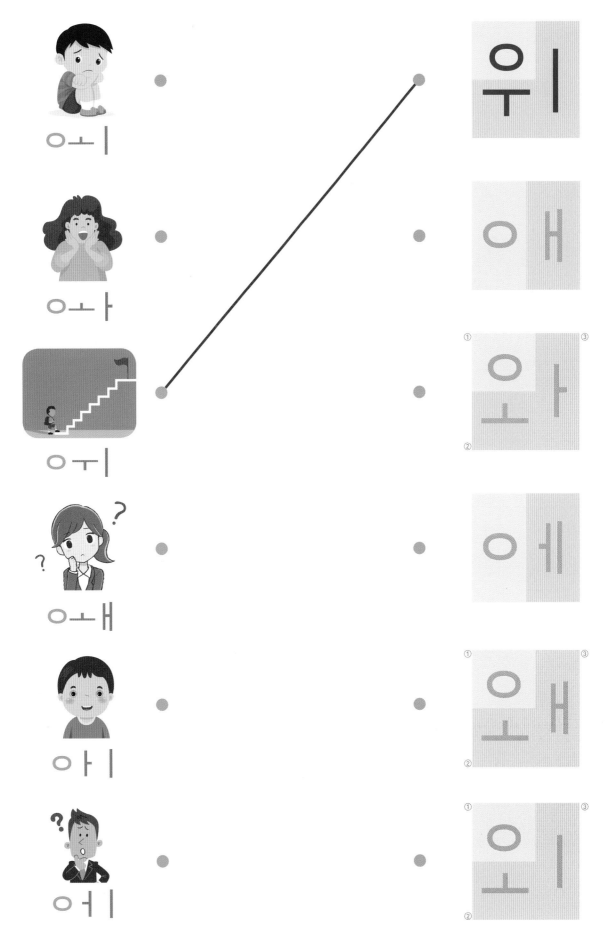

ㅇㅑㅣ

ㅇㅕㅣ

ㅇㅏㅣ

애

ㅇㅓㅣ

ㅇㅗㅐ

ㅇㅗㅣ

ㅇㅘ

ㅇㅓㅓ

ㅇㅑㅣ

그림 글자의 서로 다른 부분을 찾고, 'O' 표시를 해 보세요.

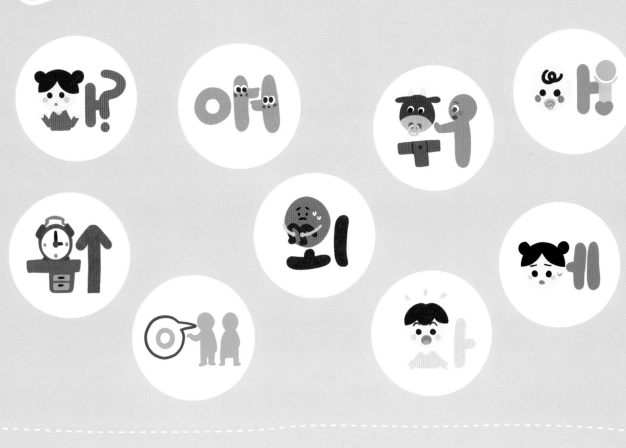

서로 다른 부분을 모두 찾았으면 15쪽에 ⊙애기 스티커를 붙여 보세요.

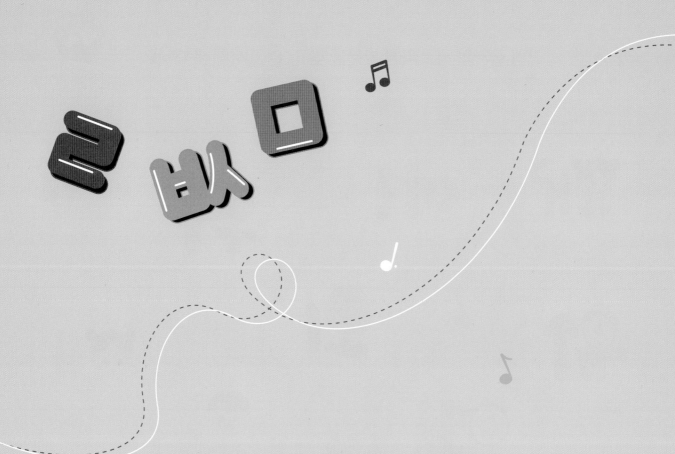

또또와 함께 '글자 여행'을
떠나 보아요!

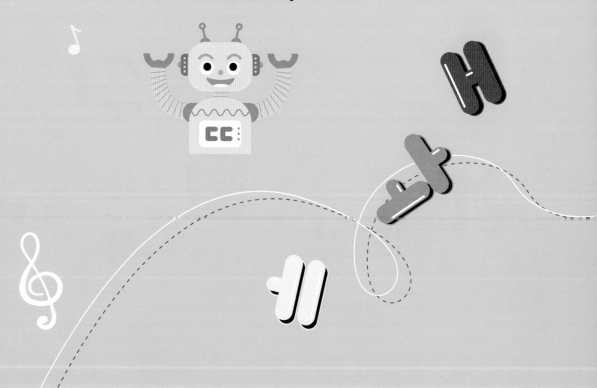

Sing Sing

이중 모음
겹받침

- 화장지를 작게 말아서
  4, 5번 손가락으로 잡기

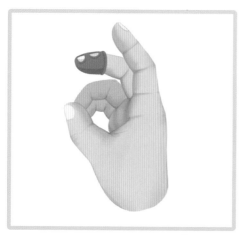

- 3번 손가락에 실리콘 골무 착용하기
  (별도 구매)

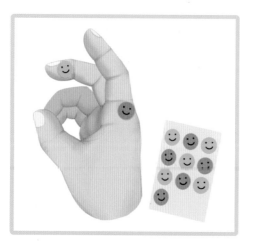

- 연필이 닿는 곳에 스티커, 테이프
  등으로 표시하기

스티커 모음판

학습을 마칠 때마다 캐릭터 스티커를 모아 보세요.

안녕? 친구들.
만나서 반가워!
나는 '또또'라고 해.

나와 함께 여행하며
즐겁게 글자를
익혀 보지 않을래?
그럼 이제 모두 출발~

10 해비치

11 헨젤

12 해님꽃

13 채채

14 빛나

15 잎새

16 행복이

17 맑음이

18 이삭

글자에 어울리는 스티커를 붙여 보세요.

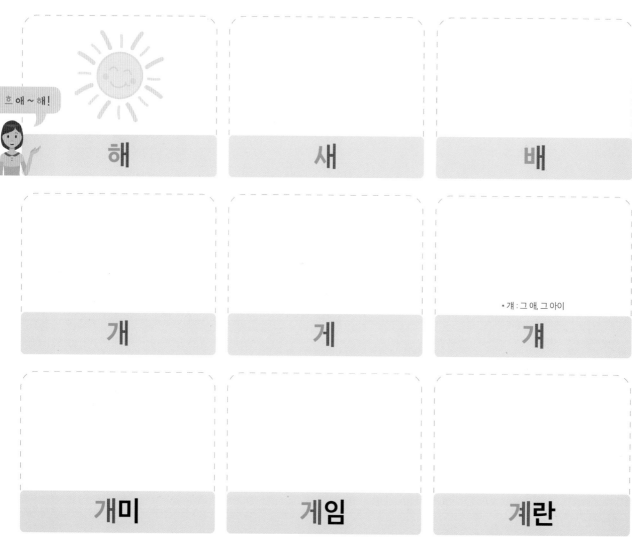

흐애~해!

해

새

배

개

게

* 걔 : 그 애, 그 아이

걔

개미

게임

계란

 빈칸에 들어갈 글자를 찾아 'O' 표시를 해 보세요.

ㅂ ㅅ ㅎ

ㅂ ㅅ ㅎ

ㅂ ㅅ ㅎ

어울리는 그림과 글자를 선으로 연결하고 글자를 따라 써 보세요.

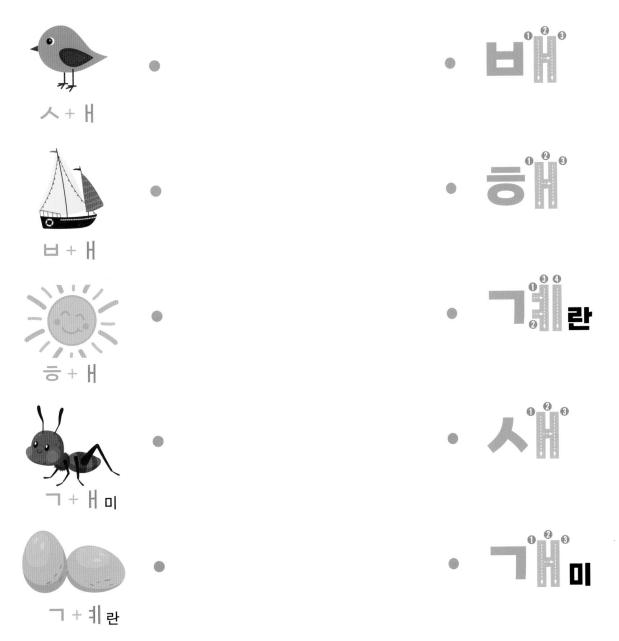

ㅅ+ㅐ

ㅂ+ㅐ

ㅎ+ㅐ

ㄱ+ㅐ미

ㄱ+ㅖ란

배

해

계란

새

개미

 글자를 따라 써 보세요.

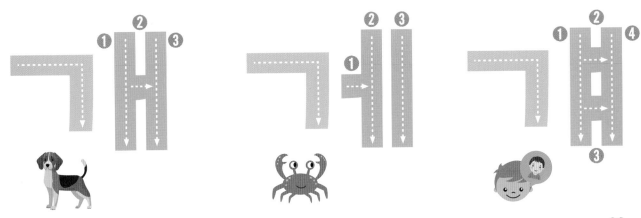

표에서 보기의 낱말을 찾아 'O' 표시를 해 보세요.

게	볘	배	세
계	개	혜	해
볘	혜	걔	새

보기

ㄱ+ㅔ　　ㅎ+ㅐ　　ㅂ+ㅐ

ㄱ+ㅐ　　ㅅ+ㅐ　　ㄱ+ㅒ

 그림에 어울리는 글자 스티커를 붙여 보세요.

ㄱ+ㅐ미　　ㄱ+ㅖ란　　ㄱ+ㅔ임

그림과 어울리는 단어에 'O' 표시를 해 보세요.

배	개	해
베	게	헤

새	개	계
세	게	개

게임	개란	개미
개임	계란	게미

 자음과 모음을 빈칸에 알맞게 적어 보세요.

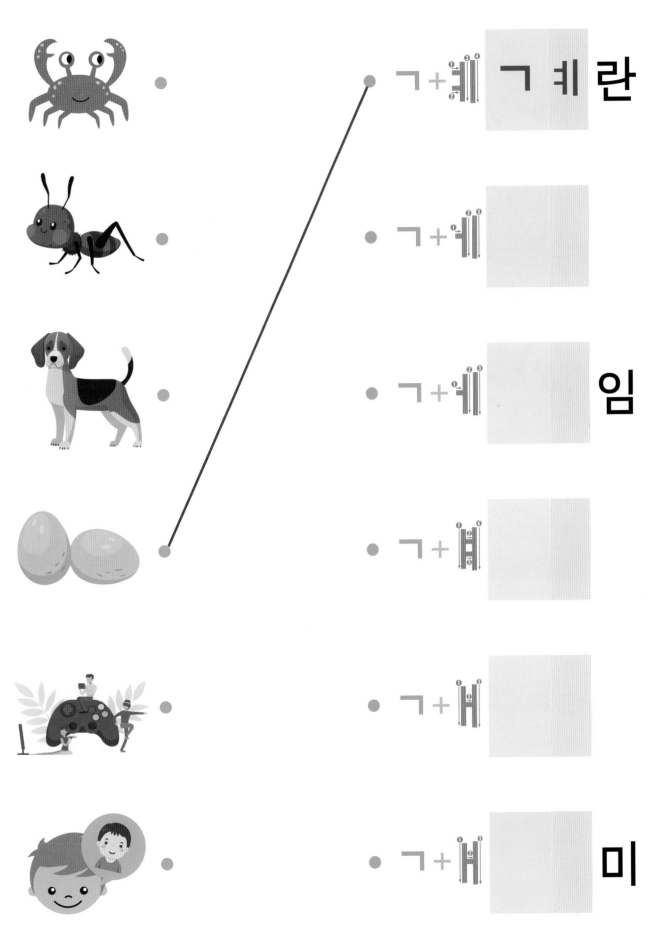

세
새

헤

개

개

개

배

게란
란

개미
미

계임
임

서로 다른 부분을 모두 찾았으면 위쪽에 *해바라기* 스티커를 붙여 보세요.

안녕? 나는 헨젤이야. 나와 함께 과자 굽는 마을 여행을 떠나보자.

 글자에 어울리는 스티커를 붙여 보세요.

그 오 아 ~ 과!

과자	화석	귀
줘	뭐	돼지
의사	뇌	괴물

 빈칸에 들어갈 글자를 찾아 'O' 표시를 해 보세요.

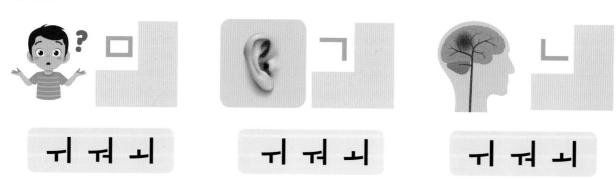

100

어울리는 그림과 글자를 선으로 연결하고 글자를 따라 써 보세요.

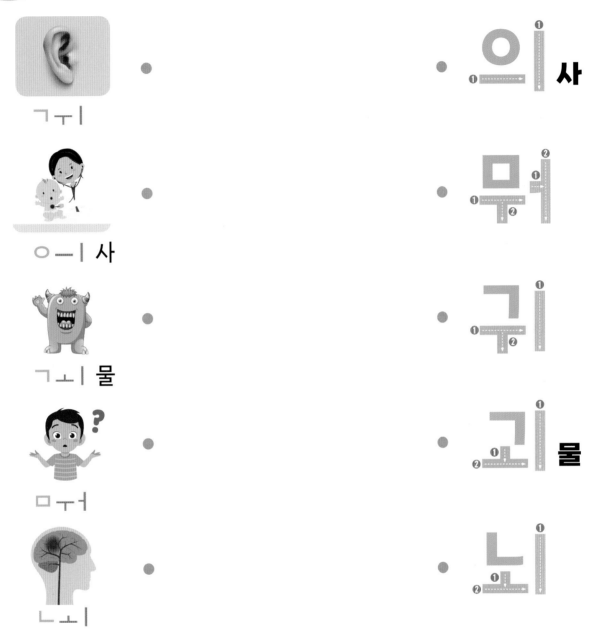

ㄱㅜㅣ

ㅇㅡㅣ 사

ㄱㅗㅣ 물

ㅁㅜㅓ

ㄴㅗㅣ

의 사

무

구

괴물

뇌

 글자를 따라 써 보세요.

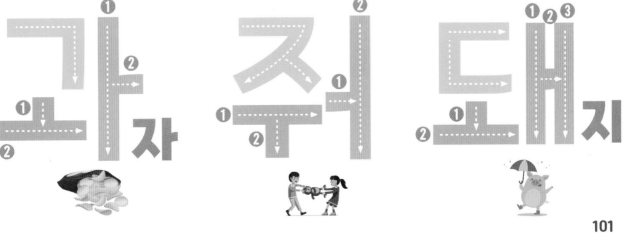

과자   쥐   돼지

표에서 보기의 낱말을 찾아 'O' 표시를 해 보세요.

뇌	놰	귀	궈
줘	저	의사	으사
쥐	돼지	대지	뭐

 그림에 어울리는 글자 스티커를 붙여 보세요.

ㄱㅗㅏ자　　ㅎㅗㅏ석　　ㄱㅗㅣ물

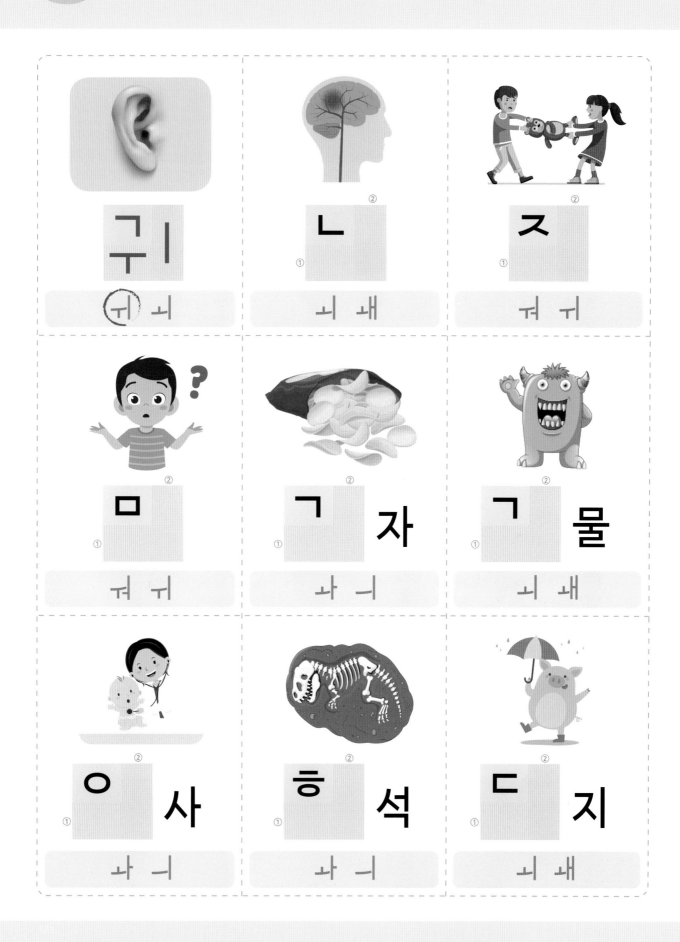

귀
ㄴ②①
ㅈ②①

ⓦ ㅚ ㅟ
ㅚ ㅙ
ㅕ ㅟ

ㅁ②①
ㄱ②① 자
ㄱ②① 물

ㅕ ㅟ
ㅘ ㅟ
ㅚ ㅙ

ㅇ②① 사
ㅎ②① 석
ㄷ②① 지

ㅘ ㅟ
ㅘ ㅟ
ㅚ ㅙ

그림과 어울리는 단어에 'O' 표시를 해 보세요.

 뭐 / 머

 놰 / 뇌

 기 / 귀

 쥐 / 저

 하석 / 화석

 으사 / 의사

 가자 / 과자

 대지 / 돼지

 괴물 / 개물

 자음과 모음을 빈칸에 알맞게 적어 보세요.

쥐
ㅈ ㅜ ㅓ

귀

ㅁ ㅜ ㅓ

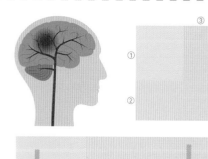
ㄴ ㅗ ㅣ

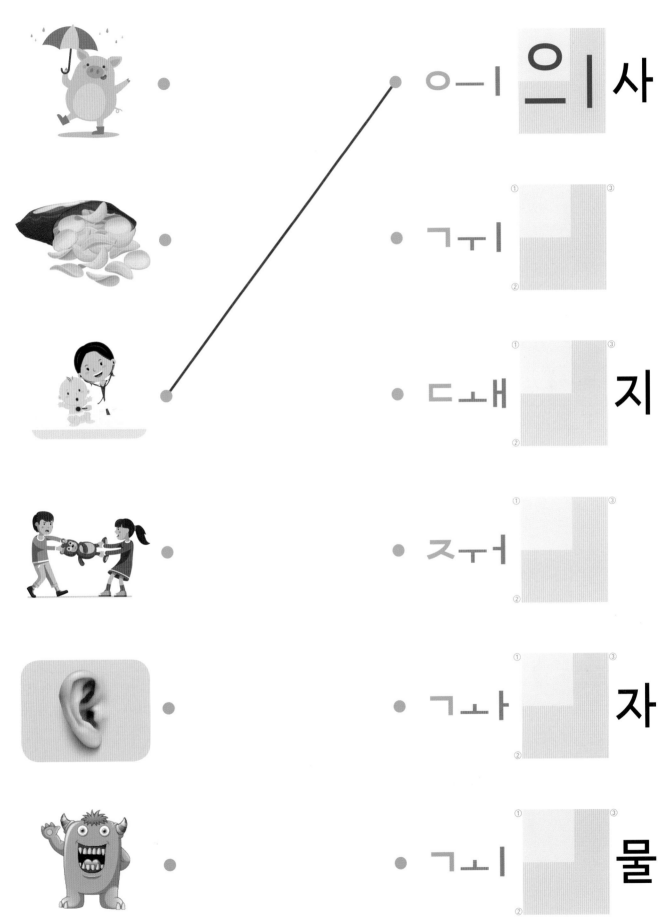

ㅇㅢ **의** 사

ㄱ ㅟ

ㄷ ㅙ **지**

ㅈ ㅟ

ㄱ ㅘ **자**

ㄱ ㅚ **물**

뇌 ~~내~~

뇌

뭐

으사

사

대지

지

개물

물

줘

하석

석

귀

과자

자

서로 다른 부분을 모두 찾았으면 왼쪽에 ●헨젤● 스티커를 붙여 보세요.

12

꽃이 피는 마을

안녕? 나는 해님꽃이야. 나와 함께 꽃이 피는 마을 여행을 떠나보자.

 글자에 어울리는 스티커를 붙여 보세요.

끄오웅~ 꽃!

꽃	깨끗	껌
꿀	꿈	떡
딸	땀	똑똑

 빈칸에 들어갈 글자를 찾아 'O' 표시를 해 보세요.

어울리는 그림과 글자를 선으로 연결하고 글자를 따라 써 보세요.

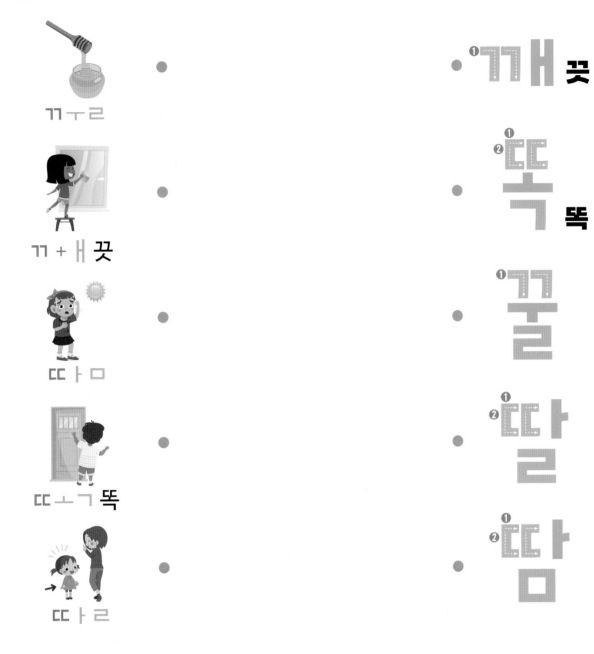

ㄲㅜㄹ

ㄲ + ㅐ 끗

ㄸㅏㅁ

ㄸㅗㄱ 똑

ㄸㅏㄹ

깨끗

똑똑

꿀

딸

땀

 글자를 따라 써 보세요.

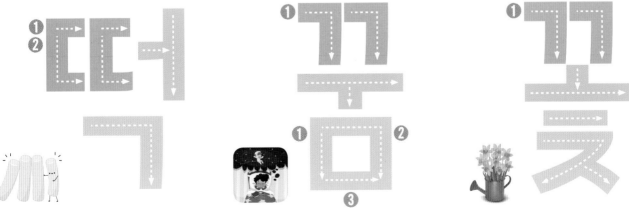

떡

꾸ㅁ

꼿

109

표에서 보기의 낱말을 찾아 'O' 표시를 해 보세요.

꿈	꽁	꽃	똑
께	땀	똘	껌
떡	깨	끗	딸

보기

꺼ㅁ   떠ㅓㄱ   꼬ㅗㅊ

꾸ㅜㅁ   따ㅏㄹ   따ㅏㅁ

 그림에 어울리는 글자 스티커를 붙여 보세요.

떠ㅗㄱ똑   ㄲㅏㅐ끗   ㄲㅜㄹ

빈칸에 알맞은 글자를 골라 써 보세요.

껌 ㄲ ㄸ

거 ㄲ ㄸ

깨끗 ㄲ ㄸ

꿈 ㄲ ㄸ

땀 ㄲ ㄸ

흙 ㄲ ㄸ

딸 ㄲ ㄸ

뚝똑 ㄲ ㄸ

꿀 ㄲ ㄸ

그림과 어울리는 단어에 'O' 표시를 해 보세요.

꿀
굴

곳
꽃

딸
달

검
껌

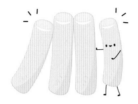
떡
턱

똑똑
톡톡

깨끗
깨큿

굼
꿈

담
땀

 자음과 모음을 빈칸에 알맞게 적어 보세요.

ㄲ
ㅜ ㄹ

ㄲ
ㅁ
ㅜ

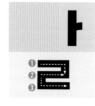
ㅏ
ㄹ
ㄸ

ㄸ ㅏ
ㅁ

어울리는 낱말끼리 선으로 연결하고 글자를 따라 써 보세요.

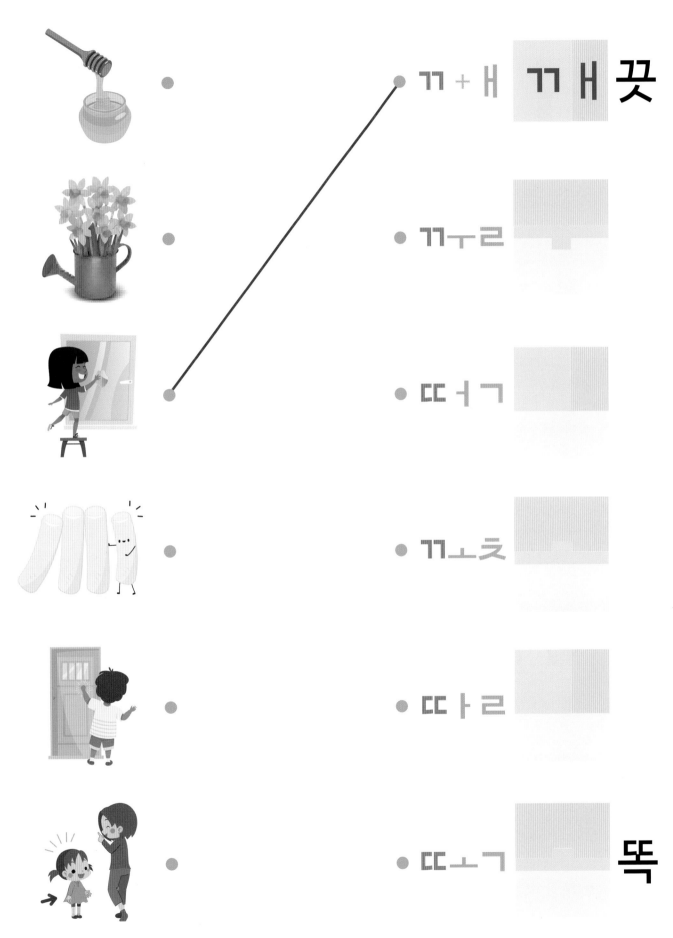

ㄲ + ㅐ → ㄲ ㅐ → 꿀

ㄲ ㅜ ㄹ

ㄸ ㅓ ㄱ

ㄲ ㅗ ㅊ

ㄸ ㅏ ㄹ

ㄸ ㅗ ㄱ → 똑

 달

 검

 꿈

ㄸㅏ
ㄹ

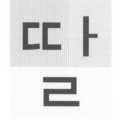 똧

 깨끗

 꿀

끗

 똑똑

 담

 껀

똑

13

새싹이 자라는 마을

안녕? 나는 채채야. 나와 함께 새싹이 자라는 마을 여행을 떠나보자.

 글자에 어울리는 스티커를 붙여 보세요.

쓰아윽~싹!

싹	씨	씻다 [씯따]
빵	뻘	빨대 [빨때]
찧다 [찓따]	찐빵	짝꿍

 빈칸에 들어갈 글자를 찾아 'O' 표시를 해 보세요.

| ㅇ | ㅏ | ㅏ |
| ㅇ | ㄱ 꿍 | ㄱ |

| 뻐 써 쯔 | 뻐 써 쯔 | 뻐 써 쯔 |

어울리는 그림과 글자를 선으로 연결하고 글자를 따라 써 보세요.

 글자를 따라 써 보세요.

표에서 보기의 낱말을 찾아 'O' 표시를 해 보세요.

찢다	뿔	불	빨대
짖다	씻다	싯다	발대
씨	시	짝궁	짝꿍

뻐ㅜㄹ   ㅆ+ㅣ   찌ㅣㅈ다

ㅆㅣㅅ다   뻐ㅏㄹ대   짜ㅏㄱ꿍

 그림에 어울리는 글자 스티커를 붙여 보세요.

찌ㅣㄴ빵   ㅆㅏㄱ   뻐ㅏㅇ

싹ㅏㄱ 　싸 ㅃ 쯔
ㅏㅇ 　싸 ㅃ 쯔
ㅜㄱ꿍 　싸 ㅃ 쯔

ㅣ 시 ㅅ 다 　싸 ㅃ 쯔
ㅣ 짖 ㅈ 다 　싸 ㅃ 쯔
ㅏ 르 ㄹ 대 　싸 ㅃ 쯔

ㅜ 르 ㄹ 　싸 ㅃ 쯔
ㄴㅣ빵 　싸 ㅃ 쯔
ㅣ 　싸 ㅃ 쯔

그림과 어울리는 단어에 'O' 표시를 해 보세요.

뿔 / 불	빵 / 방	발대 / 빨대	
싯다 / 씻다	싹 / 삭	시 / 씨	
진방 / 찐빵	찢다 / 짖다	짝꿍 / 짝궁	

 자음과 모음을 빈칸에 알맞게 적어 보세요.

어울리는 낱말끼리 선으로 연결하고 글자를 따라 써 보세요.

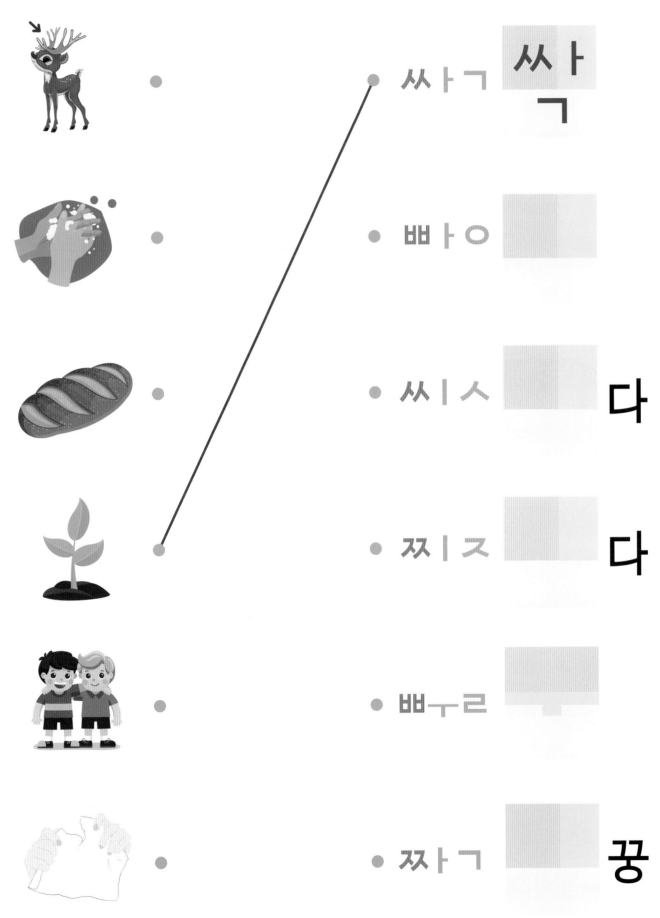

ㅆㅏㄱ 싹ㄱ

ㅃㅏㅇ

ㅆㅣㅅ 다

ㅉㅣㅈ 다

ㅃㅜㄹ

ㅉㅏㄱ 꿍

싹

빵

불

쌍ㅏ
ㄱ

씻다

짖다

발대

다

다

대

씨

진빵

짝꿍

빵

꿍

 그림 글자의 서로 다른 부분을 찾고, 'O' 표시를 해 보세요.

 서로 다른 부분을 모두 찾았으면 왼쪽에 ☀채채☀ 스티커를 붙여 보세요.

안녕? 나는 빛나야.
나와 함께 빛나는 마을
여행을 떠나보자.

 글자에 어울리는 스티커를 붙여 보세요.

브이읏~빛!

빌

[빋]

* 빗 : 갚아야 할 것

빚

[빋]

빗

[빋]

낫

[낟]

낮

[낟]

* 낯 : 눈,코가 붙어 있는 얼굴의 바닥

낯

[낟]

* 갖다 : 가지다

갖다

[갇따]

같다

[갇따]

갔다

[갇따]

 빈칸에 들어갈 글자를 찾아 'O' 표시를 해 보세요.

ㅅ   ㅈ   ㅊ   ㅅ   ㅈ   ㅊ   ㅅ   ㅈ   ㅊ

124

어울리는 그림과 글자를 선으로 연결하고 글자를 따라 써 보세요.

ㄱㅏㅌ다

ㄴㅏㅈ

ㄴㅏㅅ

ㄱㅏㅆ다

ㄴㅏㅊ

 글자를 따라 써 보세요.

표에서 보기의 낱말을 찾아 'O' 표시를 해 보세요.

낫	빗	났	갔
같	낱	낯	갖
빛	낮	빈	빚

 그림에 어울리는 글자 스티커를 붙여 보세요.

ㄱㅏㅈ다   ㄱㅏㅆ다   ㄱㅏㅌ다

낮
ㅅ ⓒ ㅊ

낯
ㅅ ㅈ ㅊ

낫
ㅅ ㅈ ㅊ

빛
ㅅ ㅈ ㅊ

빚
ㅅ ㅈ ㅊ

빗
ㅅ ㅈ ㅊ

가다
ㅈ ㅌ ㅆ

가다
ㅈ ㅌ ㅆ

가다
ㅈ ㅌ ㅆ

그림과 어울리는 단어에 'O' 표시를 해 보세요.

| | 빗 | | 빛 | | 빚 |
| | 빛 | | 빚 | | 빛 |

| | 낮 | | 낯 | | 낫 |
| | 낫 | | 낮 | | 낮 |

| | 같다 | | 갔다 | | 같다 |
| | 갔다 | | 갖다 | | 갖다 |

 자음과 모음을 빈칸에 알맞게 적어 보세요.

어울리는 낱말끼리 선으로 연결하고 글자를 따라 써 보세요.

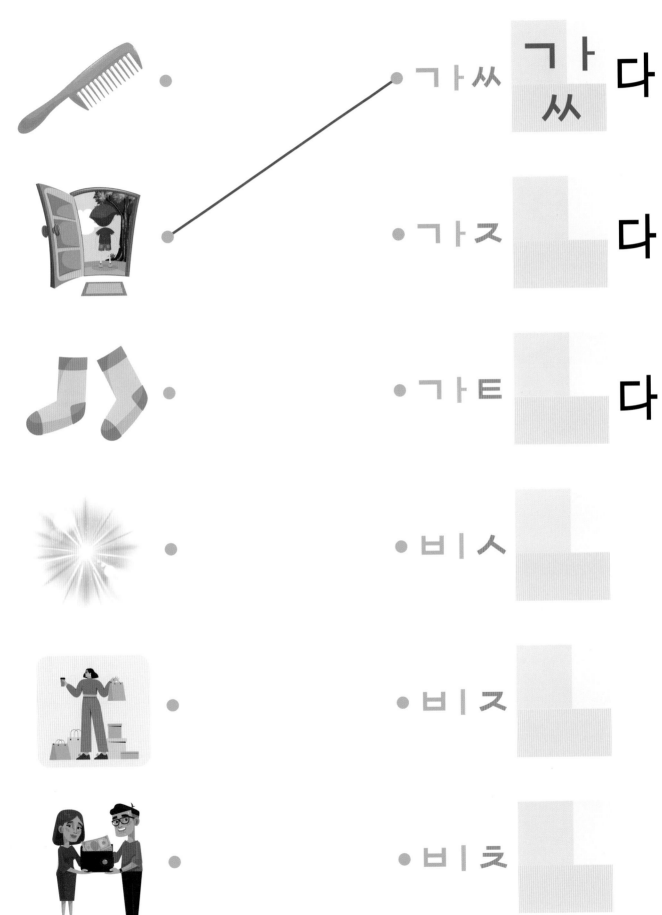

가 ㅆ **가** **다**
        ㅆ

가 ㅈ **다**

가 ㅌ **다**

ㅂ ㅣ ㅅ

ㅂ ㅣ ㅈ

ㅂ ㅣ ㅊ

빗

빗

빗

낫

낫

낫

같다

갖다

갔다

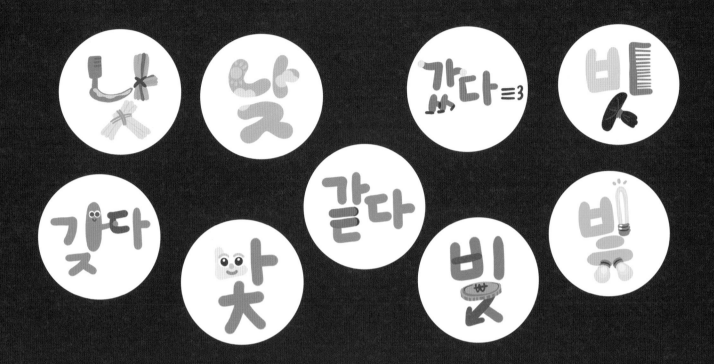

풀잎 마을

안녕? 나는 잎새야. 나와 함께 풀잎 마을 여행을 떠나보자.

 글자에 어울리는 스티커를 붙여 보세요.

으이읖~잎!

잎	입	덥다
박	밖	덮다
목	몫	부엌

 빈칸에 들어갈 글자를 찾아 'O' 표시를 헤 보세요.

132

어울리는 그림과 글자를 선으로 연결하고 글자를 따라 써 보세요.

ㅁㅗㄱㅅ

ㅁㅗㄱ

ㅂㅏㄲ

부ㅓㅋ

ㅂㅏㄱ

박

박

목

목ㅈ

부ㅓㅋ

 글자를 따라 써 보세요.

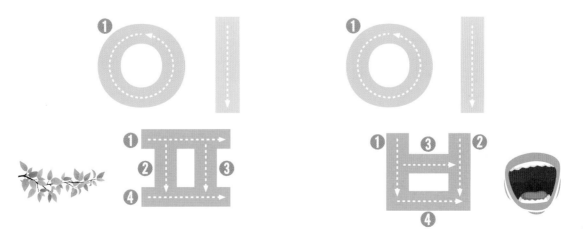

이
ㅍ

이
ㅂ

표에서 보기의 낱말을 찾아 'O' 표시를 해 보세요.

목	억	잎	목
입	묫	못	덥
박	박	밖	덮

보기

이프   이브   바기

바끼   ㅁㅗㄱ   ㅁㅗㄱㅅ

 그림에 어울리는 글자 스티커를 붙여 보세요.

더ㅂ다   더ㅍ다   부어ㅋ

이
ㅂ (ㅍ)

이
ㅂ ㅍ

바
ㄱ ㄲ

바
ㄱ ㄲ

모
ㄱ ㄳ

모
ㄱ ㄳ

더다
ㅂ ㅍ

더다
ㅂ ㅍ

부어
ㄱ ㅋ

그림과 어울리는 단어에 'O' 표시를 해 보세요.

입	입	박
잎	잎	밖

박	목	목
밖	못	몫

덥다	덥다	부억
덮다	덮다	부엌

 자음과 모음을 빈칸에 알맞게 적어 보세요.

어울리는 낱말끼리 선으로 연결하고 글자를 따라 써 보세요.

ㄷㅓㅂ 덥다

ㄷㅓㅍ 다

ㅇㅣㅍ

ㅇㅣㅂ

ㅁㅗ가ㅅ

ㅁㅗㄱ

그림 글자의 서로 다른 부분을 찾고, 'O' 표시를 해 보세요.

9개

서로 다른 부분을 모두 찾았으면 위쪽에 ●잎새● 스티커를 붙여 보세요.

글자에 어울리는 스티커를 붙여 보세요.

괜찮아	많다	않다
[괜차나]	[만타]	[안타]

끊다	앉다	엱다
[끈타]	[안따]	[언따]

값	없다	가엾다
[갑]	[업따]	[가엽따]

 빈칸에 들어갈 글자를 찾아 'O' 표시를 해 보세요.

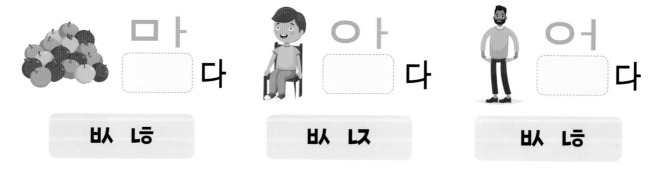

140

어울리는 그림과 글자를 선으로 연결하고 글자를 따라 써 보세요.

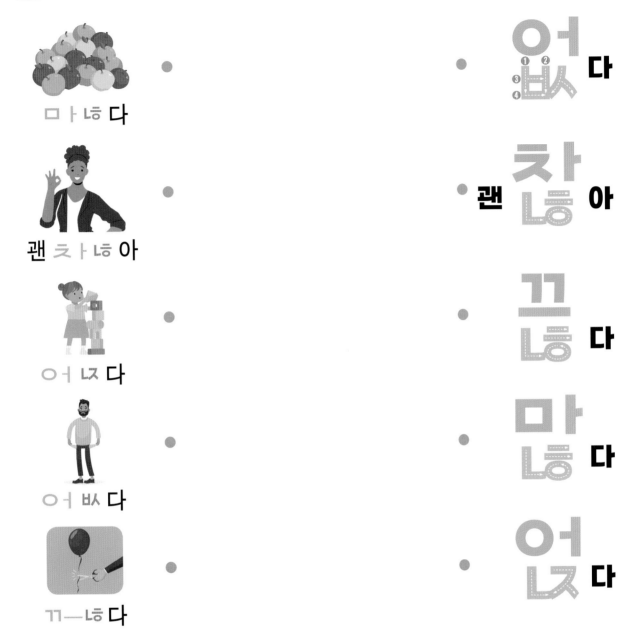

마 ㅏ ㄴㅎ 다

괜 ㅊ ㅏ ㄴㅎ 아

어 ㄴㅈ 다

어 ㅄ 다

ㄲ ㅡ ㄴㅎ 다

어 ㅄ 다

괜 찬ㅎ 아

ㄲㅎ 다

마ㅎ 다

언ㄴㅈ 다

 글자를 따라 써 보세요.

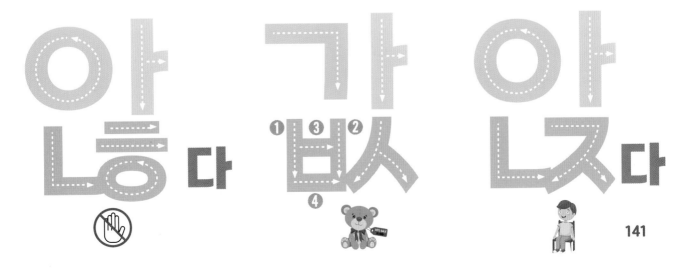

않 다

갔 ㅄ

앉 다

표에서 보기의 낱말을 찾아 'O' 표시를 해 보세요.

많다	못	않다	끓다
업다	없다	만다	갑
값	목	앉다	끈다

 그림에 어울리는 글자 스티커를 붙여 보세요.

 가 여 ㅄ 다

 괜 ㅊ ㅏㄴㅎ 아

어 ㄵ 다

아 다
ㄴ증 ㄴㅈ

어 다
ㄴ증 ㄴㅈ

끄 다
ㄴ증 ㄴㅈ

가
ㅂㅅ ㄴ증

마 다
ㅂㅅ ㄴ증

괜차 아
ㅂㅅ ㄴ증

아 다
ㅂㅅ ㄴㅈ

어 다
ㅂㅅ ㄴ증

가여 다
ㅂㅅ ㄴ증

그림과 어울리는 단어에 'O' 표시를 해 보세요.

앉다
안다

업다
없다

끈다
끊다

괜찮아
괜찬아

많다
만다

언다
얹다

갑
값

않다
안다

가엽다
가엾다

 자음과 모음을 빈칸에 알맞게 적어 보세요.

ㅇㅏ 다
ㄴㅎ

ㄴㅈ 다
ㅇㅏ

ㅁ 다
ㅏ ㄴㅎ

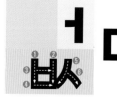
ㅓ 다
ㅂㅅ
ㅇ

어울리는 낱말끼리 선으로 연결하고 글자를 따라 써 보세요.

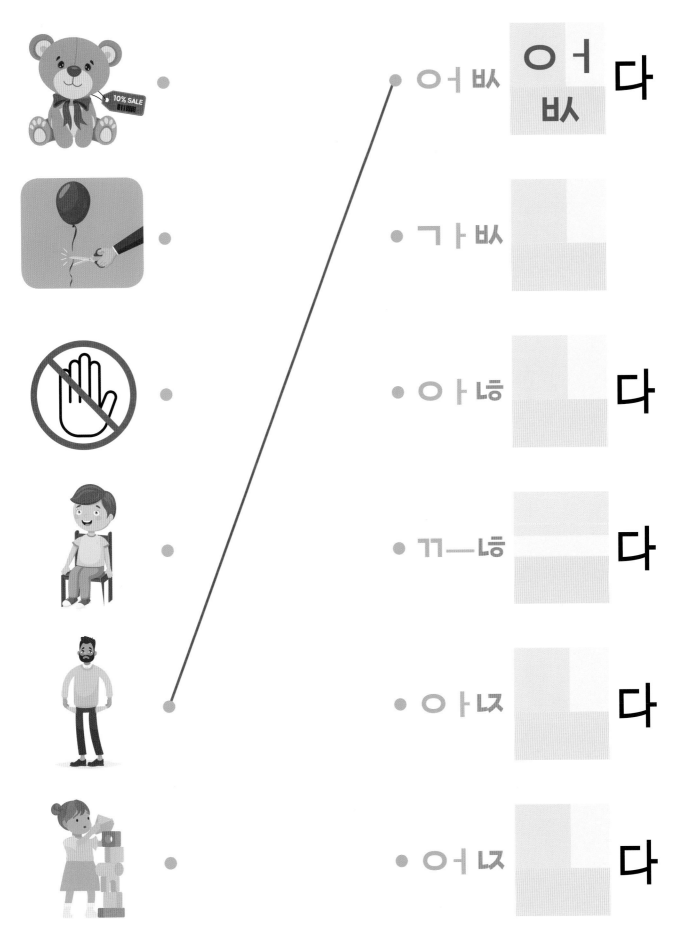

가엿다

안다

많다

가엽다

☐다

☐다

괜찮아

값

업다

괜☐아

☐☐

☐다

끊다

안다

없다

☐다

☐다

☐다

 그림 글자의 서로 다른 부분을 찾고, 'O' 표시를 해 보세요.

- -

 서로 다른 부분을 모두 찾았으면 위쪽에 행복이 스티커를 붙여 보세요.

맑고 밝은 마을

안녕? 나는 맑음이야. 나와 함께 맑고 밝은 마을 여행을 떠나보자.

 글자에 어울리는 스티커를 붙여 보세요.

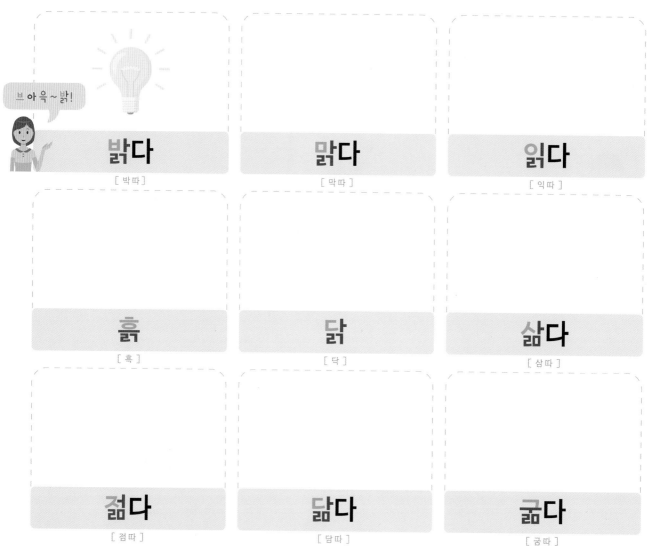

브아윽~ 밝!

밝다
[박따]

맑다
[막따]

읽다
[익따]

흙
[흑]

닭
[닥]

삶다
[삼따]

젊다
[점따]

닮다
[담따]

굶다
[굼따]

 빈칸에 들어갈 글자를 찾아 'O' 표시를 해 보세요.

바 □ 다

ㄹㄱ   ㄹㅁ

흐 □

ㄹㄱ   ㄹㅁ

사 □ 다

ㄹㄱ   ㄹㅁ

어울리는 그림과 글자를 선으로 연결하고 글자를 따라 써 보세요.

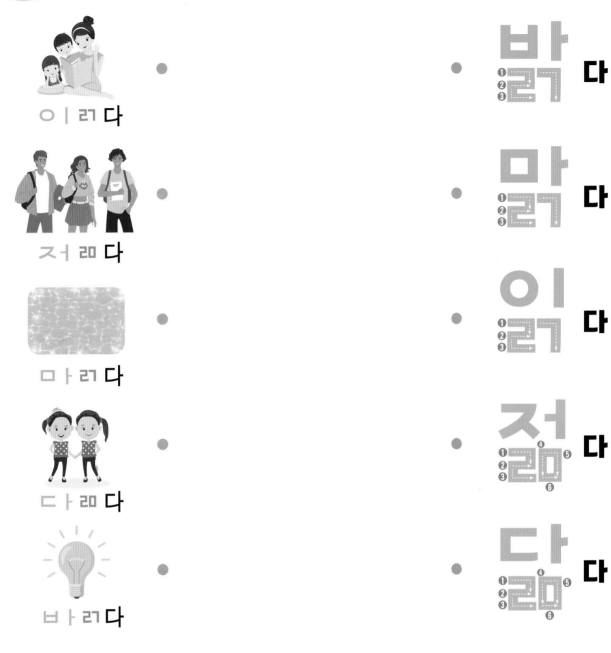

이ㅣ리다

저ㅓㄹ다

마ㅏ리다

다ㅏㄹ다

바ㅏ리다

밝다

맑다

읽다

저ㄹㅁ다

다ㄹㅁ다

 글자를 따라 써 보세요.

흙ㄹㄱ

닭ㄹㄱ

읽ㄹㄱ다

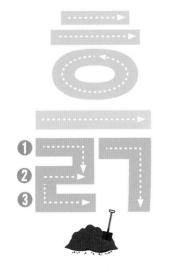

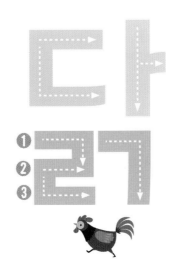

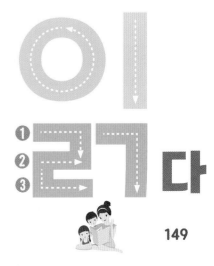

표에서 보기의 낱말을 찾아 'O' 표시를 해 보세요.

밝다	삼다	젊	닮다
삶다	닭	흙	굽다
밟다	굶다	담다	맑

 그림에 어울리는 글자 스티커를 붙여 보세요.

흐
ㄹ
(27) 20

다
27 20

저 다
27 20

마 다
27 20

구 다
27 20

사 다
27 20

다 다
27 20

이 다
27 20

바 다
27 20

그림과 어울리는 단어에 'O' 표시를 해 보세요.

읽다
일다

흑
흙

밝다
발다

점다
젊다

닭
닥

삶다
삼다

닮다
담다

굼다
굶다

맑다
막다

 자음과 모음을 빈칸에 알맞게 적어 보세요.

ㅂㄹㄱ 다
ㅏ

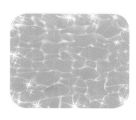
ㄹㄱ 다
ㅁ ㅏ

ㄷㅏ 다
ㄹㅁ

ㅅㄹㅁ 다
ㅏ

어울리는 낱말끼리 선으로 연결하고 글자를 따라 써 보세요.

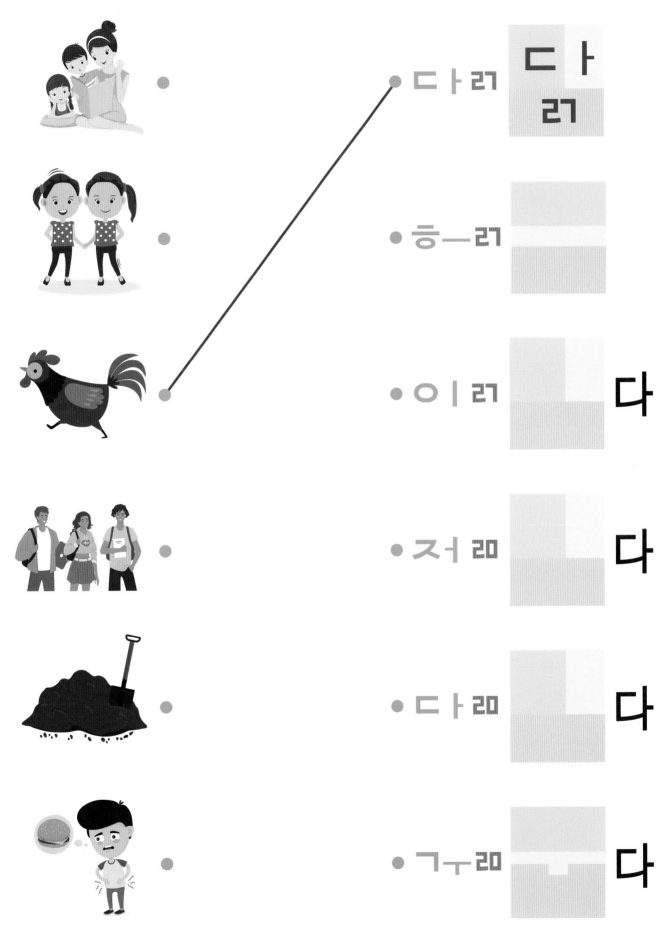

153

닥

굶다

흑

다리

□다

□

젊다

발다

막다

□다

□다

□다

읽다

삼다

닮다

□다

□다

□다

서로 다른 부분을 모두 찾았으면 위쪽에 *맑음이* 스티커를 붙여 보세요.

18 넓은 들판이 있는 마을

안녕? 나는 이삭이야. 나와 함께 넓은 들판이 있는 마을 여행을 떠나보자.

 글자에 어울리는 스티커를 붙여 보세요.

느 어을~ 넓!

넓다
[널따]

짧다
[짤따]

밟다
[밥따]

여덟
[여덜]

싫다
[실타]

읽다
[일타]

뚫다
[뚤타]

꿇다
[꿀타]

핥다
[할따]

 빈칸에 들어갈 글자를 찾아 'O' 표시를 해 보세요.

너   다   끄   다   하   다

ㄼ   ㄼ   ㄼ   ㄼ   ㄼ   ㄾ
     ㅀ   ㅀ

어울리는 그림과 글자를 선으로 연결하고 글자를 따라 써 보세요.

ㅂㅏ래 다 •

ㅇㅣㄹㅎ 다 •

ㅉㅏ래 다 •

ㄲㅡㄹㅎ 다 •

ㄸㅜㄹㅎ 다 •

• 짜
①②③ 래ㅂ ④⑤⑥ ⑦ 다

• 바
①②③ 래ㅂ ④⑤ ⑥ ⑦ 다

• 이
①②③ 릏 ④⑤⑥ 다

• 뚜
①②③ 릏 ④⑤⑥ 다

• 끄
①②③ 릏 ④⑤⑥ 다

 글자를 따라 써 보세요.

너
①②③ 래ㅂ ④⑥⑤ ⑦ 다

시
①②③ 릏 다

향
①②③ 라ㅌ ④⑤ ⑥ 다

표에서 보기의 낱말을 찾아 'O' 표시를 해 보세요.

넓다	핥다	끓다	핥다
밟다	여덟	실다	여덟
널다	밟다	싫다	끌다

ㅂㅏ래다   ㄴㅓ래다   8 여더래

ㄲㅡ릉다   ㅅㅣ릉다   릉ㅏ래다

 그림에 어울리는 글자 스티커를 붙여 보세요.

ㅉㅏ래 다   ㅇㅣ릉 다   ㄸㅜ릉다

여더ㄹㅂ

ㄹ응 **ㄹㅂ**

짜다

ㄹ응 ㄹㅂ

이다

ㄹ응 ㄹㅂ

너다

ㄹ응 ㄹㅂ

바다

ㄹ응 ㄹㅂ

시다

ㄹ응 ㄹㅂ

뚜다

ㄹ응 ㄹㅂ

하다

ㄹ응 ㄹㅌ

끄다

ㄹ응 ㄹㅂ

그림과 어울리는 단어에 'O' 표시를 해 보세요.

짤다
짧다

일다
잃다

여덟
여덜

실다
싫다

밟다
밥다

넓다
널다

할다
핥다

뚫다
뚧다

끓다
끌다

 자음과 모음을 빈칸에 알맞게 적어 보세요.

ㅏ 다

ㅂ ㄼ

여 ㅓ
ㄼ

ㄷ

다
ㄹㅎ

ㄲ ㅡ

ㅎ ㅏ 다

ㄼ

어울리는 낱말끼리 선으로 연결하고 글자를 따라 써 보세요.

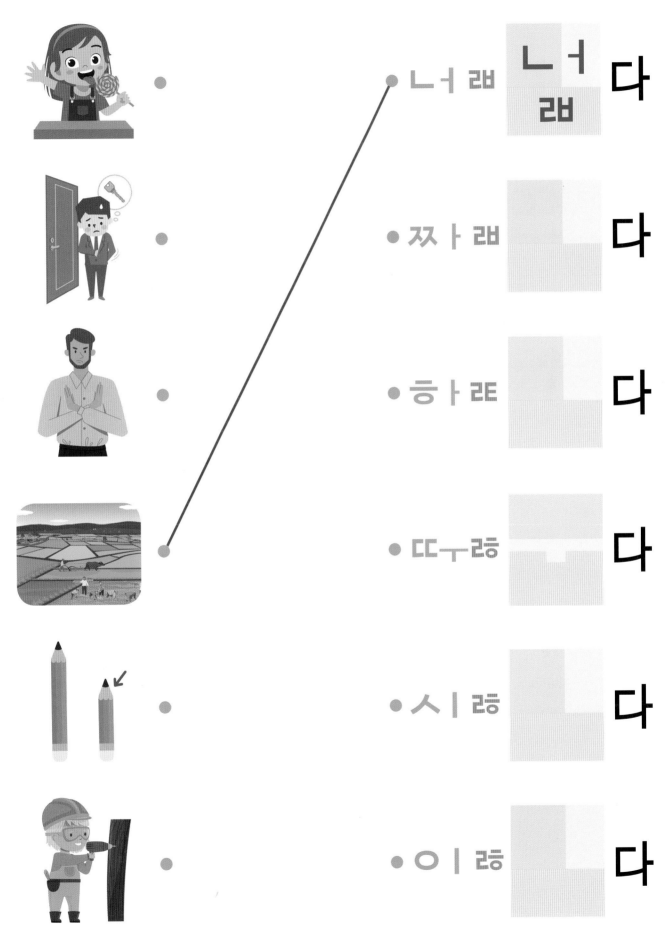

ㄴㅓ래 **너래 다**

ㅉㅏ래 **다**

ㅎㅏ래 **다**

ㄸㅜ래 **다**

ㅅㅣ래 **다**

ㅇㅣ래 **다**

그림 글자의 서로 다른 부분을 찾고, 'O' 표시를 해 보세요.

넓다   짧다   밟다   ⑧여덟

싫다   않다   뚫다   훑다   끓다

넓다   짧다   밟다   ⑧여덟

싫다   뚫다   않다   훑다   끓다

서로 다른 부분을 모두 찾았으면 위쪽에 ☆이상☆ 스티커를 붙여 보세요.

163

Sing Sing

스티커 모음집

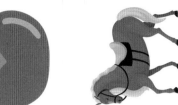

감

강

갓

1 눈사람

16P 눈이 빛나는 얼음

24P 펑펑 눈이 내리는 얼음

2 눈송이

엉

권

벗

핥 핥

영

3 샘짜이

앞 낱말 옆으로 읽기 32P

앞 낱상 옆으로 읽기 40P

4 아기곰

느 늘

늦

숲

솔

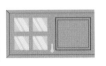

술

5 여울이

48P 울림 없는 유음

56P 울림 있는 유음

6 고리

음ㄹ

름

음ㄴ

촌2 촌1

신

상

쟁

7 놀이터

힘을 모아 놀이 판

64P

72P

힘을 모아 하기

8 놀이터

영

항

앙

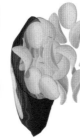

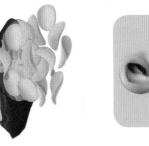

화석

괴물

과자

11 헨젤

과자 붙임

100p

놀이 피즈 붙임

108p

12 해님꽃

꿀

똑똑

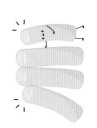

깨끗

싹

빵

쩐빵

13 찌찌

새싹이 자라는 말
116p

빛나는 말
124p

14 빛나

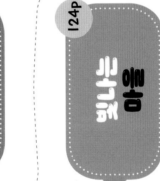

갔다

같다

간다

먹다

놀다

15 화가

132P

140P
16 행복이

괜찮아

양다

가엾다

읽다

얇다

젊다

받침이 있는 낱말

148P

156P

받침이 없는 낱말

17 맏음이

18 아낙

훑다

짧다

읊다